愛。司康

LOVE。SCONES

比英國還要英國的司康旅程

身為一位旅居國外的烘焙創作人，算是優勢或利多嗎？如果從台灣眺望遠在六千英里以外的地球另一端，或許是過著看似住在夢幻明信片中，能過著如詩如畫，有著優美風景相伴的生活襯底，似乎隨意走到街上，就能夠吃得到十足道地的異國珍饈美食，連一杯看似再也普通不過的濾煮咖啡，都有可能顯得格外濃郁與香醇？沒錯！風景確實美到任何的手機，快門隨便按，都是讓人讚嘆的美景，然而那美食物價之高，卻不是當個幾日觀光客大爺們，能夠日日一擲千金那樣爽快的。

在那日復一日的生活日常中，總有冷不防蹦出狗屁倒灶雜事伺機找你單挑，就連歐洲人家，看似戶戶都有的廚房烤箱，都會忍不住想要陰了你！買台時髦新烤箱或許不難，但要你連電箱、電插座都必須先給換了，那才是烘焙人一覺醒來真正不想面對的鳥事，但事情來了，不是花錢心疼給換了，不然就是選擇與烘焙絕緣，所以此時就得懂得說給自己聽，「就靠自己了！」那是我知道寶盒烘焙廚房的肥皂連續劇。

寶盒是自己在 2017 年才認識的一位「網路陌生人」，只是這位朋友生性豪邁，獨立得不得了，沒有印象中的小鳥依人或溫柔婉約，特別是聽她說起，某年因工作必須跨國出差，一路陰錯陽差的不順，卻在精疲力盡之餘，一個人大半夜的在歐洲，某個人煙荒涼的月台上等著，還不知道會不會來的末班車。換成是我或大多數女性朋友，或許都會把當下還能記得的東西方眾神給請出來，默念神咒保平安才挺得過去，只是這位大姊級的寶盒，卻能獨自手拉行李箱，穩穩的渡了過來。

她的生命裡有東向西飛的精彩，縱使情緒裡偶爾游移著躊躇不安，但她的情感豐富文筆細膩寫真，慢慢的那些她曾經走過，好奇品嚐過的甜美滋味，化進了她的烘焙世界裡，這些我們沒有辦法親自體驗的養分，透過她的手揉進了麵團，如今一層又一層的疊進這本滋味別具的司康食譜書裡。

要能持續為自己的烘焙嗜好付出，或許不算困難，喜愛美食的天賦，外加流暢的文字表達能力，或許就能達到網路作家的及格邊線，不過當一切只能依賴自己的時候，這樣的能力只是完成了一半工作，於是身為一位異國烘焙創作人，就必須學會如何把照片拍得好，然後想著如何能更好，不只廚房的烘焙器具該講究，連攝影所需器材、能力也馬虎不得，這裡頭有著不能放過自己的敦促，一旦鬆懈了，作品就難以出色。在一個人寫作的出版歷程裡，無法享受專業攝影師的隨侍在側，幸運的是讀者們能透過老師的手及相機觀景窗，感受每一道作品的精髓，讓照片能嗅得到司康裡融合的起司與堅果，讓照片能誘惑舌尖，虛擬體驗到層疊風味的飽滿。

於是生活裡的迴盪隨著四季流轉，讓這本藏著異國歲月，烙印過生活軌跡，掩藏著烘焙美學，捎來了新火花的司康專門書誕生了！

時序回到一年多前，自己才與寶盒畫天説地，不著邊際的聊著心中那一本理想烘焙書的樣子，很高興這位毅力驚人的戰友，今天實現了她的理想。比大家早些時候欣賞到這些書中色澤誘人垂涎的作品，連那些自己還沒弄懂，該怎麼做才能讓彎腰司康，挺直腰桿一路向上的祕訣，也都寫進了她文筆細膩的書中筆記裡，邀你們一起跨進這個比英國，還要英國的司康旅程裡吧！

BrianCuisine
不萊嗯

值得細細品嚐的
司康隱味

2019年12月初，在新冠疫情肆虐歐洲之前，拜訪了剛要進入隆冬的奧地利，在地頭蛇寶盒老師夫婦的特別照顧下，行程充實安心，美景美食皆足。

下雪的自助旅行讓人心情清淨，腳步放緩，體會周遭的人、事、物，更沉澱了雜亂的思緒，很難忘的一段時光。

一天走在葡萄剛收成的瓦豪河谷，我為了拍照無意間跨越了一個車道，她大聲嚷著制止我，讓我當下也不好意思漲紅了臉，心想：有那麼嚴重嗎？接下來被唸了應該超過五分鐘吧！再次印證這位女士有著傳統台灣媽媽的囉嗦味兒，骨子裡卻藏著一絲不苟的俠義情懷，隨時都可路見不平拔刀，再由身材推論，上輩子應該是個漢子，絕不是個弱女子。

在旅行相處的幾天中，緊密互動間讓我更了解這位好友擇善固執的個性和處世態度。從她身上真的學了很多「愛」與「被愛」的深一層奧義。

白頭魔法歐巴桑的龜毛完美個性，之前一起在食冊廚房工作時，有些微強迫症的我早已領受，且甘拜下風。她對烘焙和攝影的堅持病症早已確診，中毒太深並且無藥可解，毒癮一發作就沒日沒夜。

寶盒在新書的準備期間，三不五時就會收到她傳來的片段資料，有照片也有文字。她總是自己一手包辦成品的製作、拍攝和文字寫作，我知道她對光線和顏色的要求與文字的精準性，所以總要小心翼翼看上至少兩次，才能給回饋意見。

看著圖像細節，讀著、咀嚼著文字的同時，心裡也要想著是不是有其他內涵意思，因為心思細膩的她，有著特異體質，能在些微的環境變化中嗅出隱藏在背後的魔鬼，而她的作品同時也會含著另一層隱味，要用品嚐的方式才可感受。

如此自我要求甚嚴的人要出書，我個人超期待。收到她校稿中的新書版本，編排的品質和內容真的無話可說，有別於市面上的書，讓人失望絕對不是她所可以接受的，但另一方面卻也很捨不得她，因為她對這書的付出，值得你購買收藏，按照書上步驟操作，一定能做出一道道與家人朋友分享的暖心司康。

很認真生活的她，有天跟我說：她在烘焙和攝影的過程中，找到了一個人生的出口。我卻想跟她說：你真的很棒，很幸運可以認識你，讓我的人生觀點改變很多，良師益友！

希望疫情後，台東擁抱再相見囉！

台東食冊書店
麥寇阿焙

每個愛上司康的理由，都是好理由

司康裡有溫暖的家常，淳厚的平實，自由的灑脫，
以及，靜好的時光。

讓人失控的司康

去年在台東食冊書店停留的最後一天，與麥寇師傅一起在烘焙坊裡做洋蔥起司與蔓越莓司康的那一天，是最讓我「失控」的司康日。

麥寇，我的師傅，我的夥伴，我的朋友，在前一晚對隔日即將離開的我說，我們明天輕鬆一點，做點司康就好……。

當晚我們計劃完成兩種風味司康，鹹甜各一，鹹香的洋蔥起司司康使用我曾發表的食譜，甜味蔓越莓司康則是麥寇自己的鎮店食譜，計劃的總數約為 4 大盤共 100 多個。

隔日上午備料操作時，麥寇在群組上公開司康販售品項與單價，還來不及發成品照片。我們一起投入工作，誰也沒有去管回應與訂單這回事。

午餐時間，店裡的咖啡師朝榮跑進廚房問我們，到底是有多少司康可以賣，因為所有出爐的司康已經全部被來店裡買麵包的客人拿光了，還有好多訂單沒有司康可以給……。

在同時，司康的訂單還是繼續從群組裡跳進來。

麥寇開車送我搭下午的火車前，我們不斷備料，不停烘焙來補足已經訂購的份量。我記得，在我離開食冊前，我們一共一起製作並賣掉了 300 多個司康。

即使如此，愛司康的願望，並沒有停止。

抵達台北後跟麥寇報平安時，他告訴我，回店後，他一個人，除了正規計劃中需上架的麵包與貝果之外，又趕著烤完 100 多個司康。

我想，那天，大概所有關注食冊書店群組的人，都訂購了司康。

我想，那天，或許全台東市愛司康的人，都享受了兩個即將各自天涯的好朋友合力把憂傷藏在忙碌裡的友情司康。

司康，果然會讓人失控。

我們一起賣司康好了

我們必須經歷離別，但是我們不一定要喜歡離別。

在台東火車站的時候，麥寇忍不住把照顧好自己與不希望我太累的話，再次重新倒帶重播……。站在我身前年少我十歲的他，不光是師傅與朋友，也有著兄長的光韻。

一邊聽著，一邊答應著，一邊想著，一邊難過著；明明這才是我對即將離別那個眼睛亮亮的他最想說的話……。

等他與我一起複習完所有叮嚀後。他接著說，如果，如果在奧地利寂寞了，就讓我來台東找他。

我問，來找你做什麼？

他沉默了一會兒後，看著我的眼睛，啞著嗓子，說，我們一起賣司康好了。

或許每個人的一輩子裡都曾碰到無法看著你的眼睛說承諾的人。

而我所認識的麥寇應該算是瀕臨絕跡的古早人。倘若同處拮据窘迫：他就是那個把屋簷讓給朋友，再把僅有的一碗熱粥分一半再多兩大勺出來給朋友，任由自己淋雨又餓飯的那個人。這樣的事，在於他，本就是自然的。

或許每個人都能懂得，在某些人生階段裡，只有抱著念想，才能往前走的那種感覺。

雖然我的生活並不至於艱難如斯，不過，無法否認的，夢想的念想與並肩的承諾，一樣能為黑白灰的日子灑落五彩繽紛的春日花。

司康與夢想，劃上的等號

開始氾濫著疫情的日子，人與人之間，不僅僅是隔著山川，隔著大海，也隔著一層層看不見的牢籠。遠的更遠，近的不親；想見的，不得見；盼歸的，遙無期。

平安健康之外，夢想更像是星空裡最遙不可及的星星。

散著咖啡與出爐司康香氣的小小司康舖子的畫面，時不時的在腦海裡浮起。接著，在每次的假如中，忍不住問自己是不是認真的？

如果，如果，如果街角邊有個小小的司康舖子？那麼，在司康的點心櫃子裡，我會放上哪些司康？

封城的日子裡，原本保留給社交生活的時間成為一方留白，即使出門也只在家裡到超市間的兩點直線距離移動。世界按下靜止鍵時，反讓我有機會認真的思考隱藏在司康中的無限可能並開始測試各具風味與組合的司康。

也因疫情，與 M 開始練習兩地分居的生活。只知道如何煎荷包蛋與把義大利麵煮熟，從不接觸烘焙的 M，非常喜歡我為他準備的橄欖起司香料司康。在一次我們的視訊時，M 問我能不能教他做司康；透過視訊，我講解食譜與操作方式後，他自己學著製作。讓人開心的是，初學的他都能順利完成無論外型與口感都非常不錯的美味司康。

之後與 M 在一次家常談話裡偶然再次聊起司康與夢想中的司康小舖子。有段 M 說的話，讓我感受良深：「能幫著有同樣夢想的人達成願望，也是一種圓滿。」

我認同 M 的想法。

這也是我著手整理曾經測試的司康食譜與筆記的開始，並於最是人心惶惶的三月時完成以司康為單一主題的食譜企劃書。

在送出企劃提案當時，出版社工作的好朋友 Carol 問我為什麼選擇司康？

我愛司康的樸實外貌與內蘊的自然美味。

我愛司康自在的本質與簡捷溫和的滿足感。

我愛司康保留食材原味與容易操作的特點。

我愛司康傳遞的熟悉度，親密度，甜蜜度，幸福度。

我最愛司康藉著真切與純良的滋味撫慰在日常生活裡染塵的赤子心。

超過 180 個日子裡，製作司康，烘焙司康，品嚐司康，拍攝司康，寫下司康。

司康對我來說，聯結著的，不僅僅是一段友誼與承諾，不僅僅是一個夢想裡所需要的支持與執行勇氣，在炫麗不足樸實有加，沒有主角光環的司康裡，我感受著：溫暖的家常，淳厚的平實，自由的灑脫，以及，靜好的時光。

我希望會有更多更多的人都能因為這本司康食譜書而
累積自己愛上司康理由，因為真心認為：

每個愛上司康的理由，都是好理由。

每個有司康相伴的日子，都是好時光。

我的應變計劃永遠都是 – 我要搬到一個貧瘠的小鎮開一家司康鋪子。
~ 安德魯．蘭內斯 I 美國演員與歌手

Always my fallback is - I'm gonna move to a poor town and open a scone shop.
~ Andrew Rannells

司康在時光中的
美味版圖

司康，Scone，以麵粉、糖鹽、油脂、雞蛋、鮮奶，五大基礎食材，加上膨鬆劑，經過烤焙完成；司康與馬芬 Muffin，烤餅 Crumpet，比司吉 Biscuit 同屬快速麵包。

關於司康的確切起源與真正的故鄉，眾說紛紜，莫衷一是。

歷史上最早出現在印刷品上的「司康」名詞，來自於蘇格蘭詩人蓋文．道格拉斯 Gavin Douglas 於 1513 年出版的《The Aenaid》中。直到 19 世紀，司康一詞才成為英語的用語。

曾為英國外交官，退休後致力美食寫作與編輯聞名於世的艾倫．戴偉森 Alan Davidson 於 1999 出版的《牛津美食伴侶 The Oxford Companion to Food》一書中提到司康起源於大不列顛群島，是種外層沒有硬殼的傳統烤餅。書中並提到，早期的司康外型多為圓形並較為平扁，主要使用小麥、大麥或燕麥等，加入低溫仍為固態狀態的奶油，添加牛奶後只能略微拌合成團，用手捏成小圓塊後在鑄鐵鍋上煎熟而成。在愛爾蘭與蘇格蘭，另外有馬鈴薯司康，是將馬鈴薯煮熟壓成泥後加入奶油與鹽製作而成。

以外觀而論，早期以鐵鍋煎熟而成的司康與煎餅更相近。直到 1843 年，英國化學家阿爾佛德．博得 Alfred Bird 為有酵母過敏症的妻子研發出第一代泡打粉，傳統司康因此有了極大的改變。添加泡打粉烘焙的司康，內部結構組織更鬆軟，外型上更高挺豐厚，質地鬆而酥並且容易碎裂，截然不同於其他利用酵母發酵製作完成的甜味麵包與糕點，這種獨特飲食體驗讓司康迅速地成為人們的最愛，並隨著時光而成為我們所熟悉與喜歡的，融入我們生活的，多樣貌的現代司康。

當司康以其美味名聲環遊世界並慢慢地成為陪伴世界人的點心後，司康的外型不再受限於經典的圓形，風味不僅僅只限於原味與甜味，在世界不同角落裡，不同大小，不同形狀，新的風味，新的組合，具有新創意與新體驗的司康，每天每天都在誕生。

從久遠的傳統走入現代，一直都受著喜愛的司康正在擴展著絕對只屬於司康的美味版圖。

基礎奶油司康

BASIC BUTTER SCONES

碎栗子抹茶司康

CHOPPED CHESTNUT MATCHA SCONES

摩卡可可巧克力司康

MOCHA, COCOA AND CHOCOLATE CHIP SCONES

APRIC

為什麼司康好適合
家庭烘焙？

1. 簡單，味美，快速。

2. 份量小，上手快，成功率高。

3. 好搭配，多風味，易於組合。

4. 工序少，基礎技巧易於掌握，技術層面低。

5. 食材種類少，食材取得容易，食材價位經濟。

6. 無需特殊設備投資，
   家用烤箱與基本器材就能做得很好。

7. 10 分鐘內操作完成，15 ～ 20 分鐘烘焙出爐，
   製作與烘焙時間短，可立即享受。

8. 可以「Do Ahead」。提前製作司康麵團，冷凍保存，再烘焙。
   適合上班族主婦。

9. 適合作為早餐，午茶小點，
   以及其他時段裡補充能源的快速副餐與風味點心。

10. Everybody loves SCONES.

＼ 今天也一起
司康一下 ／

EESE

橄欖起司香料司康
OLIVE, CHEESE & HERB SCONES

杏仁糖脆司康
ALMOND AND BROWN SUGAR CRUNCH SCONES

椰棗柑橘司康
DATE AND ORANGE SCONES

目　錄

CHAPTER 1

司康的旅程，從此開始

司康的基礎知識

愛司康 | 專欄 |

CHAPTER 2

愛司康，不厭倦

經典風味

CHAPTER 3

我的司康，我的守候

堅果・種籽・果乾風味

CHAPTER 4

在愛裡，複習司康

茶粉・巧克力風味

CHAPTER 5

分享司康，分享愛

蔬菜・水果風味

CHAPTER 6

以司康，典藏靜好

起司・穀物風味

CHAPTER 7

征服司康，問與答

50 個司康 Q&A

SPECIAL

戀戀司康，醬醬好

搭配司康的美味甜鹹醬料

〔食譜導讀〕

使用食譜的方法

食譜中的單位與簡寫

全書食譜一律使用公制單位。

- 重量：以公克 gram 測量，簡寫為 g。
- 長寬高與直徑：以公分 centimeter 測量，簡寫為 cm。
- 容積：專用於測量液態。為方便家庭烘焙人，食譜中所有液態食材全以重量標示，公克＝ g。
- 溫度：以攝氏 Celsius 測量，簡寫為℃。

食材的溫度

製作司康基本所需的奶油、雞蛋、各種乳製品，以及增加風味的各種起司，使用時食材溫度應以 5 ℃－ 7 ℃冷藏溫度為準。

所有需先經過煎煮炒烘烤等準備步驟的食材，都應在完全冷卻後才使用。

部份新鮮質地嬌嫩的食材，如各種莓果，建議冷凍後再使用。

食譜中食材的順序

材料順序是以準備、操作、烘焙前裝飾、烘焙後裝飾的順序編排，依照步驟中取用材料的先後次序列出。

舉例來說，乾果雖在後段步驟中加入，糖漬乾果的階段步驟必須提前準備屬於準備工作內，所以在食譜的材料順序上會在乾性食材之前。

操作中所需的手粉、清水，都屬食譜份量外的材料。

材料列表中以「A、B、C」標註在一起的材料，表示可於備料時直接裝在一起。

司康的主食材

製作司康所需的基本食材為：粉、鹽、糖、油、蛋、奶。

在後述的「基本主食材」中將簡述全書食譜統一使用的食材與食材的特性。

其他較為特殊的食材與香料，其特性及使用方式都紀錄在各食譜的寶盒筆記中，並另外附有英文全名，以利於查詢與採購。

烘焙溫度與烘焙時間

所有烘焙溫度與烘焙時間的紀錄是依據食譜份量紀錄。所有司康的烘焙皆是在不分上下溫，容積70公升的歐式家庭烤箱中，烤盤放在網架上，入爐位置在烤箱正中央，以同一個溫度直火烘焙完成。

各家廠牌的烤箱規格不同、設計各有殊異，書中的烘焙溫度與烘焙時間都屬參考數值，動手操作時，應依據自家烤箱的實際性能做適當的調整。

烘焙溫度對照表 _ 攝氏℃ / 華氏℉

計算公式：

華氏溫度 ＝（攝氏溫度 ×9）÷ 5 ＋ 32

攝氏溫度 ＝（華氏溫度－ 32）× 5 ÷ 9

試例演算：

（200℃ × 9）÷ 5 ＋ 32 ＝ 392 ℉

（392 ℉ － 32）× 5 ÷ 9 ＝ 200 ℃

攝氏℃	華氏℉
170℃	338 ℉
175℃	347 ℉
180℃	356 ℉
185℃	365 ℉
190℃	374 ℉
195℃	383 ℉
200℃	392 ℉
205℃	401 ℉
210℃	410 ℉
215℃	419 ℉
220℃	428 ℉

CHAPTER

1

司康的旅程，從此開始

司康的
基礎知識

司康烘焙必備的基本工具

〔常用工具〕

製作司康所需要的輔助工具與用具並不多，幾乎全都是家用廚房常備的小用具。

固定會使用到的有：電子秤、量匙、寬口容器、篩網、打蛋器、叉子、刮板、矽膠刮刀、烘焙紙、烤盤、刀子、矽膠刷、靜置用的網架、司康壓模、長尺……等。

非經常使用的有：檸檬刨絲器、起司與奶酪刨刀、檸檬皮刨刀……等。

盡可能以自己平時使用的順手的工具與用具為主。

書中示範壓模成形的司康全部是用高度 4.5 公分，直徑 5.0 公分的圓形平口壓模完成。

〔測量工具〕

電子秤

希望避免因為材料量誤差導致失敗的最簡單方法，就是細心、精準地衡量每件材料。準備一個精密度高的電子秤是絕對必要的。

小型電子秤，最小計量 1 公克到最大計量 3 公斤，足以因應絕大部分家庭烘焙的需要。質量優良性能穩定的電子秤能長期使用，是最重要的也是必備的烘焙測量工具。

食譜書中所有大份量食材的計量，固態的與液態的食材，均以秤重方式計量，並統一以公制單位標示用量。

量匙

烘焙用的量匙份量並沒有標準，美國與澳洲所用的量匙大小份量也不同，食譜中所用的量匙是以美式量匙為準。計量為 1 大匙 = 3 小匙。

烘焙中，針對所有微量的食材，例如各種膨鬆劑、各式乾燥的香料、不同的調味料……等，都需要使用量匙來衡量所需的份量。

一般來說，量匙的設計與所使用的材質，各有不同。一般是一組 5 件式，分為大匙、小匙、½ 小匙、¼ 小匙、⅛小匙。有些量匙組省略⅛小匙，只有其他 4 件。

如果手邊有微量電子秤，當然可以依個人的習慣以電子秤代勞。以我的個人經驗來說，覺得用量匙衡量，不必另外計算不同材料的不同密度差異，快速而且方便很多。

使用量匙時，需要注意食譜中所列出的份量，無論是 1 大匙或是 ½ 小匙的量，都是「平匙」的份量，也就是說，用所要求的量匙舀起來後再刮平，就是所謂的平匙份量。

當我們衡量液態食材，例如香草精、檸檬汁、白醋……食材時，其實並不需要達到平匙的要求，因液態材料會自成水平狀態。不過當我們用量匙衡量粉末狀的食材，如泡打粉、烘焙蘇打粉、鹽等，如果量匙舀起來後不刮平，會比刮平後的份量超過 40% ～ 55% 之多。粒子越小密度越大的食材，所產生的差距越大。看似微小的差異，有時候卻也是導致成品外型失敗與口感失衡的主因，例如超量烘焙蘇打粉，會造成外型扁平並帶有明顯蘇打粉皂味的不快口感。

寶盒筆記 Notes

【當食譜中出現「1 小撮」……】
「1 小撮」使用於用量非常少，無法測量的微量或是珍貴食材，例如豆蔻粉、丁香粉等香料。「1 小撮」是拇指與食指能夠捏起來的份量；在德語系食譜書上，與常見的「刀尖量」：餐刀刀尖挑起來的份量，一樣是用量非常非常少的意思。

基本主食材

〔 麵粉 〕

製作司康應使用粗蛋白含量（Protein content）達到 11% 的未經漂白的中筋小麥麵粉。

美國、加拿大、澳洲、紐西蘭等國標準的通用粉（All Purpose Flour）的粗蛋白含量約在 8% ～ 11% 之間，德語系國家的通用小麥麵粉（Weizen Universal）都是好的選擇。法國出產的 T55 麵粉粗蛋白含量 11.5% ～ 12.5% 之間，義大利麵粉編號 tipo 0 粗蛋白含量 11% 也都適合用於司康製作。

中筋麵粉的粗蛋白比例高、筋度較強、粉質細緻、吸水量比低筋麵粉與蛋糕粉高，能夠給予司康，特別在水分含量比例較高的食譜，所需要的架構力與支撐力。利用中筋麵粉所完成的司康高挺有形、組織細膩。

不同的麵粉廠商所擁有的不同的小麥研磨技術，所研磨小麥的粗細度也會因此而有所不同，小麥粉質顆粒越小質地越細，吸水性也會越強。

全麥麵粉只要過篩與研磨得夠細，一樣也能夠烤出與使用中筋小麥麵粉的體積相同的蓬鬆司康，不會因為使用全麥麵粉就導致成品體積上出現差異性。

知名德文美食雜誌《法斯塔夫 Falstaff》，2017 年 11 月出刊由克瑞斯・豪福（Chris Hoover）執筆的《麵粉不僅僅是麵粉》中提出，即使是同在歐洲出產的小麥，氣候不同的地區所生產的小麥所含蛋白質含量並不相同。一般來說，來自氣溫較高的法國與義大利地區的小麥比起來自氣候較寒冷的德國與奧地利的小麥，擁有更高的蛋白質含量，品質上也有差異。

相同的麵粉在不同的季節與不同的天氣吸水性也有所不同。低溫冬季裡的麵粉比較乾燥，所需要的液態食材相對比較多。高溫潮濕的夏天，麵粉吸收環境中的濕氣，質地因此會比較潮濕，能夠吸收的水分比較少。同樣的司康食譜在不同的環境氣候操作時，需要略微調整液態食材的份量。無論是加減液態食材的份量，如需增加，每次加入都以小份量加入；如需減少，先倒入約八成的液態食材後，再視實際麵團狀況酌量增加，直到麵團達到理想的質地。

全書食譜使用的麵粉有以下四種。

中筋麵粉 All Purpose Flour

粗蛋白含量（Protein content）達到 11% 的未經漂白的中筋小麥麵粉。海外讀者可用通用麵粉替換食譜中的中筋麵粉。

全麥麵粉 Whole Wheat Flour

粗蛋白含量（Protein content）介於 9% ～ 14% 之間，色澤呈淡褐色比中筋麵粉色澤深，粉質的顆粒也明顯比較粗。

黑麥麵粉 Rye Flour

又稱為裸麥麵粉，略酸並微帶苦味。黑麥所磨成的黑麥麵粉的色澤明顯比小麥麵粉深，粉質較粗，粉粒較大。

斯佩爾特小麥麵粉 Spelt Flour

富含蛋白質的斯佩爾特小麥麵粉，有類似自然堅果的風味與清甜的穀麥香。某些以全穀粒磨成的斯佩爾特小麥麵粉，色澤會比一般小麥麵粉深，偏淡黃近淺褐色，烘焙後的色澤也因此比較深。斯佩爾特小麥麵粉可單獨使用，也可與其他麵粉混合後使用。

寶盒筆記 Notes

全書食譜所使用的小麥、全麥、黑麥麵粉、斯佩爾特小麥麵粉，全是未經漂白，無食品添加物，無膨鬆劑的麵粉。食譜如需要使用膨鬆劑，例如泡打粉與烘焙蘇打粉，都會在材料欄中逐項明列。

不建議使用已經加入膨鬆劑與鹽的自發粉（Self Rising Flour）或是蛋糕粉（Cake Flour）；這兩種麵粉都屬粗蛋白含量較低約 6% ～ 8% 的低筋麵粉，再方面，因自發粉已經加入膨鬆劑，如再加上食譜的膨鬆劑，司康會因過多的膨鬆劑而導致失敗。

〔鹽〕

烘焙中所使用的鹽以顆粒細小的精鹽為主。

在司康中添加微量的鹽，不僅僅能夠調味，提高司康的適口性，也能為風味食材增香提味，讓司康在口味與風味上更均衡更出色。鹽同時能強化麵粉麵筋的結構力，增加麵團的彈性，這也是為什麼在甜司康中，一樣需要鹽的存在。

食譜中如已使用帶有鹹味的風味食材，如熟成度較高鹹味較重的乾酪，需將鹽的份量適度減量，以免過鹹。

在某些食譜的材料欄中會特別指明所使用的鹽是海鹽，主要是因為特定海域所產的海鹽能為司康增加獨特的風味。海鹽來自於蒸發的海水，屬性天然，風味與鹹度上也因海域不同而各有其特性與差異。

鹽是提升司康風味重要材料，不論使用岩鹽、海鹽還是精鹽，都不要忘記在司康裡加入鹽。

〔糖〕

白色的細砂糖與特細砂糖是食譜中的主要用糖，另外經常出現的還有：淺色紅糖、深色紅糖、台灣黑糖、糖粉……等。

〔膨脹劑：泡打粉與烘焙蘇打粉〕

泡打粉與烘焙蘇打粉，兩種膨脹劑各有其特性與作用，不能互換。使用前需小心並謹慎的測量以免影響成品的外型與風味；正確的使用方法是先將膨脹劑與乾粉混合並過篩以達到讓膨脹劑均勻作用的目的。

泡打粉 Baking powder

建議選用無鋁的雙效泡打粉 Aluminum-Free Double Acting Baking Powder；這類的泡打粉中沒有摻入會影響健康的鋁元素，也不會在成品中留下鋁的金屬味；所謂的「雙效」是泡打粉能夠在加入液態食材，以及，高溫加熱時產生膨脹效應。如果計劃冷藏或冷凍司康麵團，選擇雙效泡打粉是絕對必須的。

烘焙蘇打粉 Baking soda or sodium bicarbonate

也被稱為小蘇打，或是蘇打粉。烘焙蘇打粉屬於鹼性，只適用於有酸性食材的食譜中，經常與泡打粉合併使用。使用過多烘焙蘇打粉會讓成品平扁並在成品中留下皂味，使用前一定要小心測量。

〔無鹽奶油〕

製作 1 公斤的奶油需要 23 公升的全脂鮮奶。奶油的珍貴之處可見一般。奶油所擁有的天然醇郁、無出其右的奶油風味，是任何其他替代油脂與人工加味的類奶油產品都無法取代的。奶油品質的優劣之於成品的風味有決定性的直接影響。

無鹽奶油是製作司康所需的奶油。奶油中的成份並不全是脂肪，除了乳脂肪之外，奶油中也有水分。奶油所含乳脂肪與水分含量各地略有差異，脂肪含量在 80% ～ 82%，水分含量則在 16% ～ 17% 之間。

全書食譜中所使用的奶油全部都是無鹽發酵奶油（Unsalted Cultured Butter），擁有 82% 乳脂肪與 16% 的水分含量。

發酵奶油，英文 Cultured Butter ／德文 Teebutter。奧地利出版的《麵包與糕點師傅養成教科書》一書中，對於發酵奶油給出這樣的定義：「將牛奶分離出的鮮奶油加入乳酸菌經過 10 ～ 18 小時發酵，進入 12 ～ 14℃冷藏溫度的冷熟成，轉入 16 ～ 18℃的恆溫環境中溫熟成後，再次進入冷藏熟成而完成的奶油，因此讓發酵奶油擁有最迷人的特有奶油風味。」

擁有頂級品質與風味的發酵奶油也是用於製作各式高級糕點餅乾的首選。同類型的奶油或被統稱為歐式奶油（European style butter）。以發酵奶油所製作的司康，具有滋味豐美濃醇的奶油香氣。如果習慣使用一般奶油製作司康，建議有機會或可替換發酵奶油來製作，比較一下不同奶油所給予司康的不同層次風味。

寶盒筆記 Notes

全書食譜中所使用的奶油全部是無鹽的發酵奶油。鹽的添加與否，鹽的種類，所需的確實份量都會在食譜材料欄中逐項分開明列。當司康食譜中的油脂被減低或被完全省略的時候，司康麵團也會比較容易出筋。

〔植物油〕

植物油是由植物中提煉並在室溫中保持流質狀態的油脂。烘焙用的植物油建議選擇冒煙點（smoking point）高，氣味中性的菜籽油、大豆油、葵花籽油等為佳，避免採用氣味較濃的花生油、芝麻油、椰子油等。

液態的植物油有易於與其他食材融合的特性，不過，使用植物油製作的司康因植物油所含的不飽和脂肪酸的緣故，穩定性不足而導致出現氧化現象較快，司康的保鮮期較短。

〔雞蛋〕

食譜中使用的是帶殼重 63 ～ 73 公克的大號雞蛋，蛋白重量約為 38 ～ 44 公克，蛋黃重量約為 19 ～ 22 公克。小份量的司康食譜有時候並不需要整顆雞蛋而以全蛋蛋汁計量：將雞蛋打散後秤出所需的用量，以公克計量，例如：全蛋汁 30g。

〔乳製品〕

乳製品中的乳脂肪不但能柔化司康的組織，乳品中的優質乳酸菌能讓司康長高蓬鬆，並能增添層次風味。

不同的乳製品的乳脂肪含量不同，在不同國家乳製品分類標準也大有不同。經常用於司康製作的乳製品，以家庭常備的食材為主，所含的乳脂肪如下：

乳製品名稱	乳脂肪含量百分比
全脂鮮奶 Milk	3.0% ～ 3.5%
全脂優格 Yogurt	3.6%
白脫牛奶 Buttermilk	1%
酸奶油 Sour Cream	5.5% ～ 14%
動物鮮奶油 35% Whipping Cream	35% ～ 40%

動物鮮奶油 35% 的乳脂肪含量在 35%。市面上還可以找到乳脂約為 18% 的淡奶油（Light Cream），乳脂 10% ～ 12% 的一半一半（Half-and-Half），以及 48% 高乳脂含量的重鮮奶油（Heavy Cream）。乳脂肪含量越高，質地越濃稠，乳質香氣也會越濃郁。

乳製品常因命名與譯名不一而容易讓人混淆；作為烘焙用材料，選購乳製品時，應先檢視品項名稱，以營養成份表中的乳脂肪含量作為依據，以原味無添加的乳製品為首選。

乳製品的酸鹼值屬性是酸性。經由酪乳培養發酵的乳製品：優格、白脫牛奶、酸奶油，都具有乳酸菌的典型酸味；酸能夠啟動膨脹劑產生作用，讓司康麵團受熱時長高並膨脹，因而讓完成的司康擁有格外讓人喜歡的蓬鬆內部結構組織與鬆軟質地。

[起司]

依起司質地可大致分為以下三大類。

新鮮起司 Fresh cheese

水分含量高，沒有經過熟成的起司，例如奶油乳酪 Cream cheese、茅屋起司 Cottage cheese、希臘的菲達起司 Feta……等。

軟質與半軟質起司 Soft cheeses & Semi-soft cheeses

起司的特徵是外層是可食用的薄皮層，內部柔軟，經過熟成，知名的軟質起司有法國的卡門貝爾起司 Camenbert，法國的藍紋起司 Blue cheese……等。

硬質起司與乾酪 Firm cheeses & Hard cheeses

經過長時間熟成的硬質起司具有較低的水分含量和較高的脂肪含量，比較具有代表性的包括瑞士起司 Swiss cheese、埃文達起司 Emmental cheese、切達起司 Cheddar cheese、義大利帕瑪森乾酪 Parmesan cheese……等。

以上三大類的起司是以牛奶、山羊奶，或是綿羊奶製作而成，沒有添加添加物的香醇天然起司。與坊間某些經過加工借助添加物提味的起司食品相比，無論在風味、香氣、品質、價格的差距都極為懸殊。

各種鹹香風味的起司司康的絕美滋味來自於具有主導風味的各式起司，對深愛起司的人來說，帶塊高品質的起司回家享受是一種生活裡的必須。對深愛起司與司康的人來說，在司康裡加塊最愛的起司，也是不需要找藉口的。

影響口感與質地的變數，使用不同食材製作司康的差異

〔 無鹽奶油 | 植物油 | 動物鮮奶油 35% 〕

烘焙材料中所用的油脂是屬於柔性食材，能夠軟化麵粉中的蛋白質，給予司康軟綿質地與滋潤口感。所謂的「油脂」，包括我們所熟悉的固態油脂，如奶油；液態油脂，如各種植物性油脂。

兩種不同種類的油脂都能給予司康柔質的特性。含有 100% 油脂的植物油擁有易於與其他食材融合的特性，比起僅含 82% 油脂的奶油，能完成質地上更潤與更軟的司康。不過，因植物油所含的不飽和脂肪酸的緣故，油脂的穩定性不足而導致出現氧化現象較快，司康的保鮮期因此也較短。

製作司康使用奶油或是植物油，最大的差異在「風味」。以奶油製作，飽含天然奶油醇濃奶香的司康比起以中性無味的植物油所完成的司康，在風味上永遠略勝一籌。特別是對於鍾愛奶油的「奶油人」來說，奶油之於司康是絕對的必須。

動物鮮奶油的脂肪含量約在 35% ～ 40% 之間。動物鮮奶油中的乳脂肪一樣能給予司康潤澤柔軟口感。基礎鮮奶油司康就是一個沒有奶油與植物油，單純利用動物鮮奶油製作完成的司康，在整體質地上的油脂含量更低，口感輕盈度更高。

油脂的多寡，所用油脂的種類，都會直接影響司康質地與口感。油脂同時也是製作司康所需的基本食材，不能完全無油。簡單以奶油舉例，奶油量低於比例的司康有體積小，膨脹差，組織粗，質地硬，口感乾的特徵，整體風味上也較差。奶油量高於比例時，司康質地比較軟與嫩，但是同時也會增加在製作中整形上的困難度，也比較難定型，口感上更偏向餅乾。

奧地利知名乳品生產公司之一的 NOEM AG 所生產的乳製品，從左而右：全脂優格（左上），白脫牛奶（左下），酸奶油，動物鮮奶油 36%（依奧地利國家標準，動物鮮奶油有 36% 的乳脂肪），全脂鮮奶。都是製作司康時經常會使用的乳製品食材。

[有雞蛋 | 無雞蛋]

一顆大號雞蛋的重量，蛋殼約佔 10%，蛋白約為 60%，蛋黃約為 30%。以此得知，帶殼重 60 公克的雞蛋，蛋白重約為 36 公克，蛋黃重約為 18 公克。

雞蛋能為司康增強結構，提高蓬鬆度，保持嫩度與潤度，讓司康擁有均勻色澤的漂亮外觀，並為司康增添深度的雞蛋香氣與味感。

由於雞蛋在風味與功能上多重作用的特殊性，基本上來說，很難被任何單一食材取代；無蛋的食譜通常需要添加更多的替代品，或許才能滿足一顆雞蛋在司康裡所擔任角色中的所有任務。

經典風味食譜中收錄的英國鄉村司康是個略有時間痕跡的老食譜，同時也是個典型無蛋無糖低脂食譜：以清水取代雞蛋，與鮮奶一起成為麵團階段所需的液態食材，司康中完全沒有糖，奶油的比例也比一般食譜低，完成的司康很像是我在奧地利鄉間的老奶奶家裡品嚐過用厚鐵鍋烤出的麵包，簡樸的滋味裡，有說不盡的乾淨而有力量的味道。

要不要加蛋？該不該多加蛋？加全蛋還是加蛋黃？同一個食譜一樣能變化出不同屬於最適合自己與家人的司康。

鮮奶｜優格｜白脫牛奶｜酸奶油 動物鮮奶油 35%

乳製品能夠柔化麵粉中的蛋白質並增強麵粉的水分吸收率，比起加水製作的司康麵團更柔軟；烘焙後，因乳糖的緣故司康外殼上色較明顯，內部組織顆粒較小質地更細緻，加上乳製品的 pH 酸鹼值較低，能與膨脹劑產生良好的作用，成品的體積較大，蓬鬆度更好，最重要的是不同的乳製品確實能為司康帶來各有不同，但都讓人喜歡的層次風味。

經常用於司康製作，以易於取得，家庭常備的食材為主的乳製品如下：

乳製品名稱	乳脂肪含量百分比	pH 酸鹼值
全脂鮮奶 Milk	3.0% ～ 3.5%	6.5 ～ 6.7
全脂優格 Yogurt	3.6%	2.0 ～ 4.5
白脫牛奶 Buttermilk	1%	4.6
酸奶油 Sour Cream	5.5% ～ 14%	4.6 ～ 6.5
動物鮮奶油 35% Whipping Cream	35% ～ 40%	6.5 ～ 6.8

乳製品的乳脂肪含量越高，乳品質地越濃稠，乳質香氣也會越濃郁。

不同的乳品雖同屬乳製品類，但在乳脂含量、水分含量、酸鹼值皆不同，風味亦各有殊異，當我使用相同食譜依據相同比例替換不同乳製品測試後發現，最後的決定其實在於個人對風味與口感的偏好。

乳脂肪含量的多寡並不能代表成品的優劣。以乳脂肪僅僅只有 1% 的白脫牛奶舉例來說，奶油為主的原味司康搭配乳脂肪含量超級低的白脫牛奶，卻能依然保持輕盈的口感；加上白脫牛奶的乳酸發酵風味，不僅讓司康有令人滿意的蓬鬆度與高度，均衡而一致的上色度，也讓司康的風味上有顯著的特色，是個人極力推薦嘗試的乳製品食材之一。

雖然很多利用鮮奶中加入檸檬汁或是白醋的成品來取代白脫牛奶，不過，我們應該瞭解：加入檸檬汁或是酸醋的牛奶，與，經過乳酪乳培養發酵後完成有著天然乳酸菌風味的白脫牛奶，到底還是有所不同。

食譜書中的司康食譜是針對小家庭份量設計製作，因食譜份量較小，如希望替換乳製品，約能等量替換，或因水分含量不同的緣故，而會有 5% ～ 10% 的差異，建議在加入液態食材時，不要一次全部倒入，保留少許，視麵團吸水狀況與實際乾濕度，再作調節之用。如食譜計劃用於商業量產使用時，建議重新仔細計算不同乳製品的乳脂肪與水分含量比例。

中筋麵粉｜全麥麵粉｜黑麥麵粉 斯佩爾特小麥麵粉

中筋麵粉

製作司康建議使用粗蛋白含量達到 11% 的中筋麵粉。中筋麵粉的粗蛋白比例高，筋度較強，能夠給予司康，特別是水分含量高的食譜，很好的支撐力，完成的司康會比較高挺有形。

北美國家標準的通用粉 All Purpose Flour，德語系國家的 Weizen Universal 都是好的選擇。法國 T55 麵粉粗蛋白含量 11.5% ～ 12.5% 之間也適合。

另外應該注意的是不同的麵粉廠商不同的小麥研磨技術，所研磨小麥的粗細度也會因此而有所不同，小麥粉質顆粒越小質地越細，吸水性也會越強。

全麥麵粉

全麥麵粉的粗蛋白含量（Protein content）介於 9% ～ 14% 之間，色澤比中筋麵粉深，粉質顆粒較大，帶著自然的堅果香。全麥麵粉用於麵包製作時可被單獨使用，製作餅乾與司康時多半與其他小麥麵粉摻合使用。因全麥麵粉的特性，需要調高食譜的水分比例，並給予麵粉充足吸取水分的時間。

黑麥麵粉

黑麥，英文：Rye，又稱為裸麥，略酸並微帶苦味；黑麥所磨成的黑麥麵粉（Rye Flour）的色澤明顯比小麥麵粉深。即使以僅僅 20% 的黑麥麵粉替換所需的小麥麵粉，也會比全部使用小麥麵粉完成的成品色澤深，氣孔較小，整個組織與質地比較密實。

黑麥麵粉因品種、產地、研磨方式不同，在色澤深淺與粗糙程度上也有不同。與小麥麵粉相比，顏色較深，粉質顆粒比較粗。

黑麥麵粉有其與眾不同的特殊風味、香氣與口感，沒有任何麵粉能夠完全取代黑麥麵粉的特殊性。如果實在找不到黑麥麵粉，以整粒小麥研磨的全麥麵粉是替代黑麥麵粉的最佳選擇。除了全麥麵粉之外，帶有堅果香氣的蕎麥（Buckwheat）所研磨成的蕎麥粉也是個不錯的選擇。

斯佩爾特小麥麵粉

植物學家認為，營養價值豐富的斯佩爾特小麥是現代小麥的祖先之一。從西元前五千年開始，就有斯佩爾特小麥的存在，是世界上最古老的栽培穀物之一。以自然方式種植，不需使用殺蟲劑的斯佩爾特小麥不但富含蛋白質（粗蛋白含量15%），還有許多重要的氨基酸、維他命與膳食纖維，是個營養與美味兼具，尤其珍貴的小麥麵粉。

斯佩爾特小麥麵粉中有自然的類似堅果的風味，並帶著清甜的穀子香。即使初次嘗試，也會有極高的接受度。

在市場上所販售的斯佩爾特麵粉依其研磨方式，分為兩種：全穀粒磨成的全麥麵粉與白麵粉。

全穀粒磨成的斯佩爾特小麥麵粉，麵粉的色澤會比小麥麵粉深，偏淡黃近淺褐，烘焙完成的色澤比較深，有點像是全麥麵粉。

斯佩爾特的白麵粉是去除麩皮與胚芽後磨成的麵粉，色澤淺，質地細，可用以取代中筋麵粉。

寶盒筆記 Notes

在製作司康時，如果司康的食材中有黑麥、斯佩爾特小麥，麵團都會稍微比較黏手。可以簡單用刀分割麵團會比使用壓模容易。所使用的壓模線條越簡單的越好，例如，圓形平口的壓模，比較不容易因為切割面沾黏而影響司康長高。

黑麥麵粉與全麥麵粉的麵筋都非常少，而蕎麥粉是沒有麵筋的，因此這三種麵粉都需與小麥麵粉混合使用，以彌補麵筋的不足。

手邊沒有全麥麵粉或黑麥麵粉時，可以等量中筋麵粉替換製作。完全使用中筋麵粉時，因麵粉吸水量不同，所需液態食材份量因此略有不同，建議保留部份液態食材作為調節之用，觀察麵團的實際乾濕度後再調整加入份量。

延伸變化的風味食材

〔 各有滋味的風味食材 〕

製作司康所需的基本食材為：粉、鹽、糖、油、蛋、奶。

而賦予司康味道的，則是風味食材，例如：堅果、果乾、蔬果、香料與調味料。

其他較為特殊的食材與香料，其特性及使用方式分別紀錄在各食譜的寶盒筆記中，並另外附有英文全名，以利於查詢與採購。

堅果〈杏仁、核桃、胡桃、榛果、開心果、栗子〉

堅果，擁有豐潤油脂與優質美味，無麩質，也沒有筋性，在司康中加入堅果，能夠增加司康的風味與口感，堅果本身所含的天然油脂並能給予司康協調而恰到好處的潤澤度，是普受喜愛的風味食材之一。

製作司康所用的堅果都以原味無添加的堅果為主。使用前建議先用烤箱烤香或在乾鍋上炒香，特別是油脂較高的堅果，例如核桃、胡桃、松子等，能讓堅果香氣更明顯更豐潤。

堅果的保存

堅果適合密封後冷凍保存。高溫潮濕環境與不當的保存方式都容易加速高油脂的堅果酸敗腐壞。為確保堅果品質，使用前，應確實檢查堅果的色澤與味道；如發現果仁與果仁粉色澤變深變黑，聞起來有油耗味與品嚐時留下麻苦味，都表示堅果已經變質，不宜再繼續食用。

堅果一旦被磨成細粉後，保存期會減短，拆封後應該盡快使用完畢。堅果粉密封包裝後，以冷凍保存方式，能夠略微延長保鮮期。

寶盒筆記 Notes

對堅果過敏，無法食用堅果的人，可以用其他食材來取代堅果。

- 鹹味食譜：堅果類可用種籽類食材替換，如葵瓜籽、南瓜籽、芝麻、橄欖、燕麥片、格蘭諾拉麥片……等。
- 甜味食譜：堅果類可用葡萄乾或杏桃乾等果乾、巧克力、乾燥的米穀……等替代。

種籽〈南瓜籽、葵花籽、黑芝麻、白芝麻〉

對堅果類食材有過敏現象的人，可用種籽類的食材，例如南瓜籽、葵花籽、芝麻等來取代堅果。特別是烘烤過的帶殼南瓜籽，帶有堅果香氣，是個很好的選擇。

南瓜籽是南瓜的種籽，葵花籽是向日葵的種籽。

食譜中所使用的種籽是原味，無添加香料與鹽分，並經過乾烘而成的種籽。其中南瓜籽是帶著薄殼的種籽，經過乾烘後種籽外殼變脆，嚼食時會有特殊類似堅果香，很建議嘗試。

種籽類的食材使用前先經過乾烘，更能增加種籽的風味。如果所使用的種籽已經經過鹽醃或鹽烤，應該減少或是扣除食譜中的用鹽，才不致讓成品的鹹度過高。使用的如果是小種籽，例如芝麻，請減少用量。

乾鍋烘乾炒香種籽類食材的方法

中火熱鍋，不需加油，加入種籽後，不斷用鍋鏟翻動，讓種籽受熱均勻。種籽的體積越小，所需時間越短；以顆粒較大的南瓜籽舉例，約需要 3 ～ 5 分鐘，當種籽開始散發香氣時就可以起鍋冷卻。乾炒完成的種籽類食材要記得起鍋，以免因為炒鍋餘溫繼續加熱緣故而燒焦。

果乾〈椰棗、葡萄乾、杏桃乾、蔓越莓乾、無花果乾〉

將水果乾燥以備後用是最古老保存食物的方法之一。果乾的乾燥程度會直接影響保存期限。果乾水分含量越高，保存期限越短。

果乾的浸潤

作為烘焙食材經常使用的果乾如葡萄乾、蔓越莓乾、杏桃乾、椰棗……等，在使用前應先浸泡清水或烈酒或果汁中，直到果乾展開：

1. 浸潤後的果乾能散發果實的自然風味。
2. 即使經過烘焙，也能保持果乾的自然滋潤與芳香。
3. 未經浸潤過的果乾會吸取麵團或麵糊中的水分，導致成品質地粗糙、口感乾澀。
4. 直接使用未經浸泡的果乾，經高溫烘焙後，留在外層的果乾易因脱水而焦黑並有苦味。

各種果乾因製程不同，乾燥程度不同，回復滋潤所需要的時間與水分也因此不同，需以果乾質地與實際狀況調整水分與浸漬時間。

最經常使用也最經濟恢復果乾滋潤度的方法，是使用冷或溫熱清水浸泡或是將果乾加入清水中一起加熱。

以冷水浸泡果乾，所需的時間較長；果乾中加水後加熱的方式，速度最快。

可以使用溫水浸泡果乾，不過因溫水容易滋生細菌，果乾不宜久放，也不可用於冷盤沙拉，早餐的燕麥片或是任何冷盤食物中，只限於使用在料理溫度超過 60℃的烹飪料理或是烘焙糕點中。

另外應該特別注意浸泡與浸煮的時間。時間過長，果子在過程中會失去果子原有的香味與風味，果肉也會因為浸泡過久、加熱過度而軟爛，以致無法保持外型的完整性。

蔬菜〈青蔥、洋蔥、櫛瓜、南瓜、豌豆、紅薯、馬鈴薯、紅蘿蔔〉
水果〈香蕉、蘋果、橙橘、檸檬、芒果、椰子、藍莓、冷凍莓果〉

使用生鮮蔬果完成的烘焙糕點與麵包，味道與口感因為蔬果都有較佳的滋潤度；同時也因為蔬果本身的特性與含水量的影響，保鮮期相對的會比較短。最好是新鮮做，並在食物味道最美的時候新鮮享受。

來自不同產地，相同品種的蔬果，其滋味、甜度、水分、營養成份都不盡相同。以新鮮蔬菜與水果製作司康，液態食材加入前，建議保留約20% ～ 30% 作為調節用，最好不要一次性加入全量，應視麵團實際乾濕情況決定再次加入的份量。

以蔬菜製作司康

質地較硬，不容易煮透的蔬菜如南瓜、馬鈴薯、紅蘿蔔需經蒸煮炒熟後再使用，完成的司康才不會有夾生的味感。

以鮮果製作司康

利用鮮果製作司康，特別是使用大型果實，如梨子、蘋果、桃子、柑橘、芒果等，在去皮與切開後，鮮果容易開始滲出果汁而導致麵團的溼度過高，如加上果實切塊體積過大，或鮮果所佔比例過多，也會增加司康在整形與切割時的難度，烘焙時也會因高水分比例而導致司康外型平扁。

去皮切成丁塊的果實約為花生粒大小為佳。如鮮果浸泡檸檬汁或經過糖漬，在使用前應瀝乾水分。某些水果，如芒果司康，是將芒果切塊先冷凍成凍果後再加入。

以冷凍莓果製作司康

來自超市冷凍櫃中的冷凍莓果，如藍莓、覆盆子、蔓越莓、黑醋栗、紅醋栗……等都適合用於司康製作。

冷凍果實使用前不用清洗，也無需回溫，從冷凍室取出後可直接使用。莓果的體積小，果實多汁，回溫速度快，也非常嬌嫩。操作莓果時手要輕，盡可能避免弄破莓果外皮，就能保持莓果的完整與麵團的乾淨色澤。

香料與調味料

古羅馬人為幾粒丁香付出黃金。

義大利航海家哥倫布為香料在大洋上飄泊經年。

香料如丁香、月桂、豆蔻、茴香、八角，來自於植物乾燥後的皮根莖葉，果實與種籽，花柱與花苞……是每種單一植物所擁有的獨一無二，無可替換的滋味與香氣，能賦予食物多樣的，純粹的，或甘或苦的氣息靈魂。

省略香料可不可以？可以。加了香料是不是不一樣？非常不一樣。每種香料各具風味特色，微量的香料給予食物截然不同的感官享受。

粉狀的調味料經常出現在鹹香口味的司康中：胡椒粉、香蒜粉、辣椒粉、洋蔥粉、椒鹽粉……等都能增添司康的風味層次。

經常會使用的天然草本香料有：百里香葉、迷迭香葉、羅勒葉、洋香菜葉、義大利的綜合香草……等能為司康帶來味感上的享受。

寶盒筆記 Notes

【新鮮香草 v.s. 冷凍香草 v.s. 乾燥香草】
從自己的庭院裡採摘新鮮的香草使用當然最好，新鮮香草的自然香氣會更濃郁些；若以冷凍的或是乾燥的草本香料比較，冷凍的草本香料絕對是個較優的選擇。
無論使用香料、調味粉，或是草本香料都應注意使用份量，以香料為輔，突顯司康中的主風味。也建議避免貪多或混用不同的香草而失去「提味增香」的目的。

起司〈希臘菲達起司、切達起司、羅克福藍起司、埃文達起司、帕瑪森乾酪〉

不同地域環境所生產出品的乾酪起司都各有其獨特風味。建議選用天然的乾酪起司。

希臘菲達起司 Feta Cheese

象牙白色，外型有點像是早期的板豆腐，是新鮮起司的一種，有明顯的鹹味。

藍起司 Blue Cheese

藍起司又稱為藍紋乾酪，是軟質乾酪的一種，脂肪潤澤度高，鹹味與香氣都很明顯。使用在司康製作中，給予司康非常與眾不同的脂肪、鹹味、香氣層次，是個具有特色風味的乾酪。

世界公認最佳的藍起司當屬產於法國南部的羅克福藍起司，法文：le Roquefort，是一種利用羊奶乳酪與藍色黴菌製成的軟質乾酪。

帕瑪森乾酪 Parmesan Cheese

產於義大利的帕瑪森乾酪屬於硬質乾酪，熟成時間 1 ～ 4 年不等。熟成的帕瑪森乾酪在經過義大利官方檢定合格後會烙上火印，是代表帕瑪森乾酪的品級與品質的重要認證章。

其他優質乾酪 Cheese

除了埃文達起司（Emmental Cheese）之外，熟成期達 60 天以上的切達乾酪（Sharp Cheddar Cheese）、蒙特利傑克乾酪（Natural Monterey Jack Cheese）、瑞士起司（Swiss Cheese）、高達乾酪（Gouda Cheese）……等，都屬上選優質乾酪。

其他風味食材

其他風味食材與香料，其特性及使用方式分別紀錄在各食譜的寶盒筆記中，部分較特殊的食材並另附有英文全名，以利於查詢與採購。

- 蜂蜜、楓糖漿、鹹蛋黃
- 巧克力、白巧克力
- 椰絲、椰奶、椰子花糖
- 即溶咖啡、可可粉、抹茶粉、伯爵紅茶
- 酒精類飲品：貝詩禮奶酒、杏仁利口酒、蛋奶酒……

〔風味食材應在哪個階段步驟加入？〕

風味食材在司康中，是司康的滋味主導。食材加入的順序，會影響司康外型與風味。以蛋黃酥胡桃司康為例，應該讓司康單純擁有蛋黃酥風味，或者是，在司康切面上看得到鹹蛋黃，這兩者間唯一差異只在鹹蛋黃在哪一個階段步驟時加入。由此可知雖然使用的食譜在比例與食材完全相同的狀況下，不同的製作方式，還是能變化出風味與口感都不同的司康，是不是很有趣？

製作司康的基本步驟與順序：

各風味食材加入的時間點

- **果乾**

  經過浸泡，果實展開後，果乾會比較濕潤，可在手搓奶油完成後加入。

- **堅果**

  經過烘烤出香氣的熟堅果，可在手搓奶油完成後或是濕性食材拌合後加入。

- **起司**

  起司的加入時間點取決於起司的乾燥程度。

  【硬質起司／乾酪】質地乾燥與較為乾燥的起司與乾酪，例如帕瑪森乾酪，或是熟成時間在六個月以上的各種硬質起司，可在手搓奶油完成後加入。

  【軟質起司／乾酪】水分含量比較高的新鮮奶酪與半軟質乳酪，例如奶油乳酪（Cream cheese）、菲達起司（Feta）與藍起司（Blue cheese），可以選擇與奶油一起加入，或是在手搓奶油完成後加入。以軟質乳酪藍起司為例，與奶油一起加入時，手搓食材成粗砂狀的步驟，會讓軟質的藍起司與奶油及乾性食材一起成為散落的粉團，完成的司康吃得到藍起司的味道，不過藍起司在司康中並不明顯。如果是在手搓奶油完成後，與濕性食材一起加入，烘焙後能看得到藍起司塊。

- **香料**

  【乾燥香料】各種乾燥後的草本香料，例如義大利綜合香草，可加入過篩後的乾性食材中一起混合。

  【液態香料】各種液態質地的香精，如香草精、杏仁精等，以及，各種能夠為司康增加風味層次與提出香氣的酒精飲品，如蘭姆酒、君度酒、杏仁利口酒等，都可與濕性食材混合，在同一個階段步驟中加入。

• **蔬果**

【質地較為堅硬的鮮果與時蔬】新鮮的水果與季節蔬菜經過去皮、去核、切絲、切塊等前置處理後，可在手搓奶油步驟完成後加入。

【質地稍軟的水果與煮過的時蔬】例如香蕉與煮熟的豌豆仁，應在濕性食材拌合完成後才加入。

【嬌嫩的果實與各種莓果】例如草莓、覆盆子、藍莓等，如希望保持果實的完整性不讓滲出的果汁讓麵團染色與增加麵團操作上的困難，應使用冷凍果實，在司康麵團完成折疊的步驟後才加入。

〔風味食材的大小〕

風味食材的軟硬度、乾濕度、質地、特性都不同，應該怎麼切，切多大？

開始製作司康時，首先要思考司康應具有的風味，再決定以什麼方式呈現。

應將風味食材切塊或切絲？拌入食材或是自成一體？是清晰可見大塊狀或是均有柔和的小顆粒？不同的食材處理方式最後都會呈現在滋味與外觀上。

食材切得越碎越小，在麵團中分布得越是均勻。相對的，碎與小的食材散落在麵團中，會因此改變司康的色澤與質地，有種不清爽的感覺。風味食材切得越大塊，在成品的切面上越是明顯，吃得到，也看得到。

壓模成形的司康，如所用的壓模直徑越小，司康厚度較薄，風味食材相對的也應該切得稍微碎、稍微小一點，整體看起來才不致於不均衡，也不會造成壓模的困難度。

以黑糖核桃葡萄乾司康舉例，用直徑 5 公分圓形壓模，標準 2.0 ～ 2.5 公分的麵團厚度，烘焙後的高度約在 3.0 ～ 3.5 公分，核桃與葡萄乾的分布會很均勻。當使用直徑較小的壓模時，麵團厚度在 2 公分以下，葡萄乾在司康中就會看起來比較大的感覺。當製作的司康體積比較小而薄時，可以先將葡萄乾剪成一半大小。

相同的食譜，如以切成四等分的無花果取代葡萄乾，完成標準大小厚薄的司康，有可能在某些司康裡似乎看不到無花果，有些卻只有一點點麵團，就是因為無花果的果乾體積過大的緣故。這樣的司康，也比較容易變形。

以切割成形的司康來說，切割成三角形的表面積較大，厚度較為扁平，風味食材即使稍微大塊一點，影響並不大。

還應該列入考慮的是用於切割麵團的工具。用刀可以輕易切開包覆著大塊與硬質食材的麵團。不過使用壓模時，當麵團中有堅果類與巧克力等較硬的食材，壓模就無法像刀子一樣切割出漂亮的有線條感的切面。

希望能在司康上看得到風味食材並能品嚐到風味食材，例如椰棗、無花果、核桃等，可切成比半顆櫻桃略小的小塊狀。

希望讓風味食材分布更均衡些，例如起司、橄欖、培根等，可切成小丁或粒狀，約為紅豆大小。硬質地的乾酪與硬質起司，可依需要用刨刀刨成粉末或是細絲後使用。

假如對完成的成果並不滿意，簡單的辦法就是趕快把司康吃完後，重新以不同的方式再嘗試一次。

翻折疊壓手法與整形切割

〔 翻折疊壓的做法與重要性 〕

司康讓人著迷的酥潤鬆美特質來自於切割麵團前的簡單操作。此處以俯瞰方式拍下「翻・折・壓・疊・捲」的操作過程，讓司康一層又一層架構酥與鬆層次。看完看懂後就能掌握操作重點，讓家裡的司康都能蓋起美麗而甜蜜的司康摩天樓。

- **示範食譜：基礎奶油司康**
- **所需工具：除了雙手之外，只需要一個自己順手的刮板**
- **司康切割：可用刀子，可用壓模。示範使用直徑 5 ～ 6 公分的圓形平口壓模**

1 將司康麵團倒在撒上少許麵粉的工作檯上，當麵團濕度較高略微黏手時，適量的手粉能幫助操作。

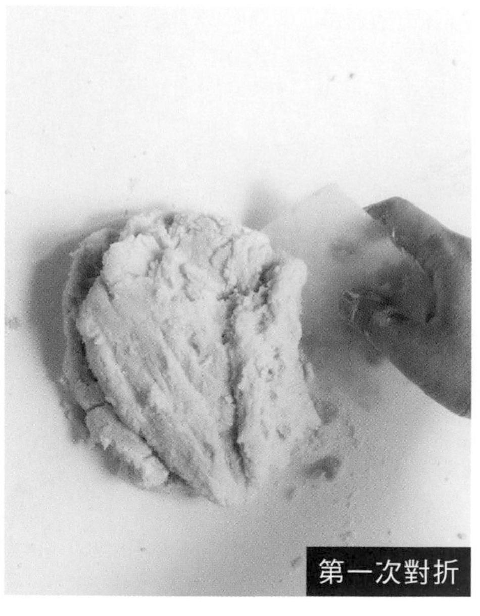

第一次對折

2 以刮板輔助，麵團對折。

3 雙手將麵團輕輕壓平。壓平的步驟只是將麵團壓成平整的面，不需要壓很扁，讓折疊後同一層次保持水平。

4 對折。

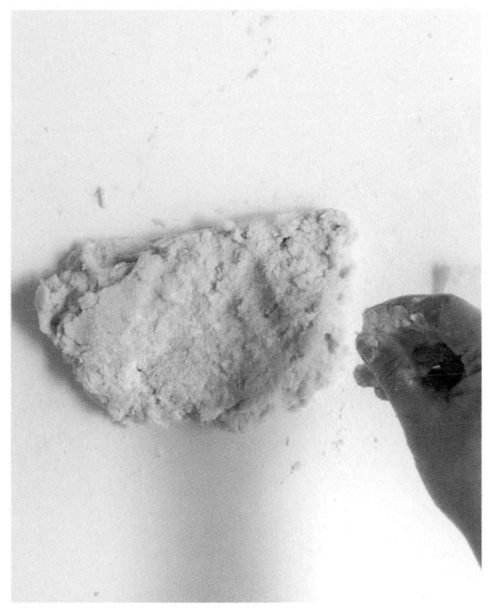

5 如有需要，撒上少許手粉。

6 對折。

7 輕輕壓平。

8 用刮板將麵團邊緣不平整的地方切割整齊。如果不整理邊緣的麵團會在不斷操作中一直因為無法成團而變乾而碎落。

9 切割下的邊與散落的碎麵團全部集中在麵團上。

10 對折。

11 輕輕壓平。

12 先對切後，再疊起。相當於第五次對折。

13 輕輕壓平。先將刮板放在麵團上方，再手壓刮板，可以避免雙手接觸麵團，也可以讓麵團的表面更平整。

14 壓模先沾麵粉，再切割。此時的麵團經過 5 次對折，是 2 的 5 次方，麵團已經擁有 32 層的層次。

15 如果司康麵團回溫變軟或底部沾黏，可以利用刮板。避免用手直接接觸切割好的麵團，防止切割麵團變形。

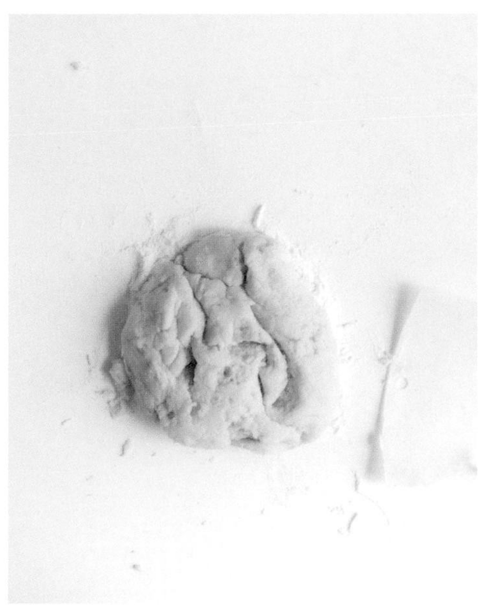

16 切割剩下的麵團應平行收合，不重疊。

17 雙手將麵團往中心集中收合，可以避免層次混亂。

18 輕輕壓平。

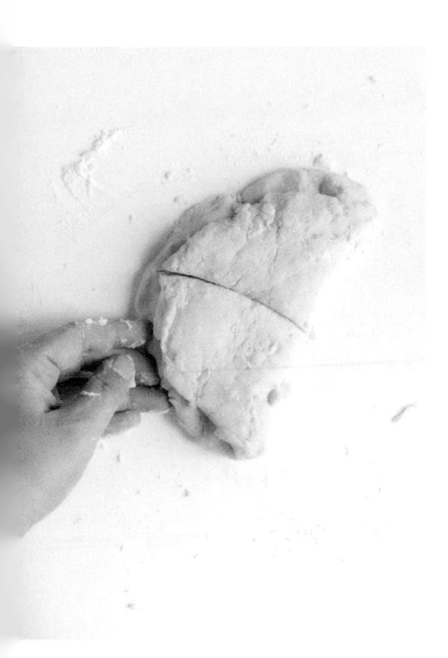

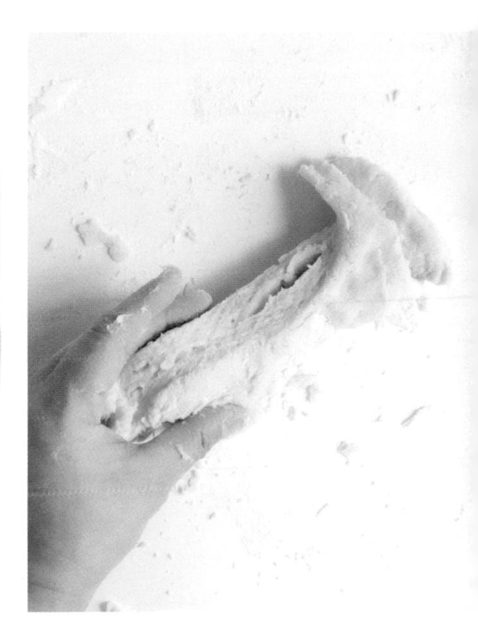

19 對折，對切後，再疊起，輕輕壓平到所需要的高度，就可切割。

20 完成切割的司康以及剩下的司康麵團。

21 剩下的麵團以收合方式操作後，即使到最後，所看到的麵團層次排列還是非常整齊，層次保持水平，並不混亂。

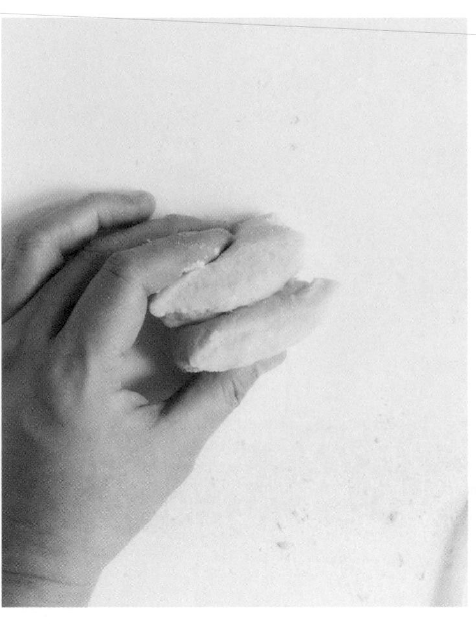

22 重複同樣的操作方法直到最後一塊司康麵團，還是有機會能成為漂亮的最後一塊。

用自己的手指
為司康麵團測量高度

先用量尺量好從尾指的底部到無名指到中指的指縫間，兩指節的距離，舉例來說是 2.5 公分，當希望的司康麵餅高度是 2.0 ～ 2.5 公分時，可以直接將手側立，測量麵團高度如剛好到無名指到中指的指縫距離就大約是 2.5 公分高。這個方法雖會有些微的差距，但是對像我這樣常常在需要時找不到量尺的人來說，非常方便而簡單。

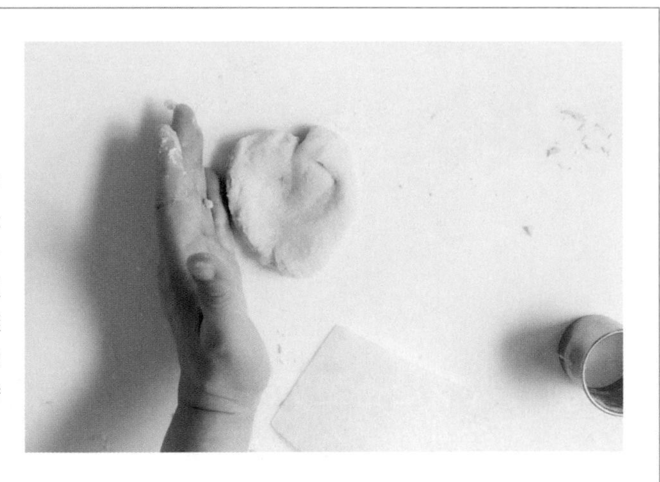

為什麼要折與疊司康麵團？

在折起與疊高時，不僅僅形成層次，也會在層次中包住空氣，讓烘焙的司康順利膨高。

手溫高會帶來操作上的難度嗎？

手溫高的人，盡量避免直接接觸麵團的時間過長，進而導致麵團升溫。借助刮板來操作尤其是個簡單有效的方法。例如壓平麵團的步驟，先將刮板放在麵團上方，再手壓刮板，可以避免雙手直接接觸麵團，也可以讓麵團的表面更平整。

優雅的可頌三折三疊法與連小朋友都熟悉的連續對折

麵團份量大的時候用三折三疊的方法，可以比較快速的製造所需要的層次。當麵團份量小的時候，連續對折，對切，對疊，一樣能完成所期望的層次。示範連續 5 次對折，第一次切割時能夠達到 32 層；不該忘記的是切割剩下的麵團重複收合與對疊，會繼續增加司康的層次。如再繼續兩次對折，層次的總數是 2 的 7 次方 =128 層。

司康的層次多是不是更好吃？

一般司康製作麵團高度約在 2.0 ～ 2.5 公分，層次越多，也代表層次越薄；層次多，也代表操作次數更多。層次多且薄的司康，烘焙後，反而不如層次少操作少的司康層次那麼明顯。希望製造更多層次時，最大的危險是過度操作麵團，而這正是製作鬆美司康最忌諱，最應該避免的。

手壓與擀壓，哪一種操作方式更好？

擀壓的方式比較適合冷藏與冷凍的，質地較乾燥與較硬的司康麵團。相對的，手壓的方式比較適合直接操作，濕度較高的柔軟麵團。無論用哪一種方法，目的都是讓司康充滿空氣感的層次，選擇自己喜歡又順手的方式，就是最好的操作方式。

我很少在製作司康時用到擀麵杖。特別是未經冷藏的司康麵團，質地偏軟，加上擀麵杖在操作濕度高的麵團時特別容易沾黏，需要一直撒手粉來防沾，而影響司康的食材比重，讓完成的司康硬而乾。

司康口感中的鬆來自於中間層次間所包覆的空氣，擀麵杖擀壓的方法會擠壓出麵團的空氣，如果司康麵團中有大顆粒的風味食材時，操作上的難度甚至更高。手壓麵團速度快，雙手接觸麵團能直接感受麵團的乾濕度、軟硬度，而適度調整麵團的質地。

什麼時候會用到捲的方法？

冷藏過的，質地稍微硬一點的，加入堅果類與其他大型食材的……等，可以一次壓平並壓得比較扁，捲起成長柱形，輕輕壓平成需要的厚度，就可以進行切割。捲起麵團的時候，每一捲都是層次，與折疊堆砌達到一樣的目的。

圓司康與方司康
各具特色的司康切割方式

司康的外型就像司康的本性一樣無所拘束，方的也好，圓的也罷，喜歡三角形也可以，不想整形也可以用湯匙舀一大匙讓司康在烤箱中自由發揮。

在所有不同的造型中，使用壓模切割的圓形司康或是最具代表性的司康外型，特別在亞洲地區，圓形的司康似乎最受青睞，各種不同風味卻一樣擁有圓鼕鼕外型的司康約佔有販售市場的八～九成之多；是種對司康外型先入為主的觀念？或是從份量上看起來更精緻些？會不會是因為同樣大小與切割方式的司康在包裝上更容易些，呈現時更漂亮些……？真正的原因無法查考，然而不知不覺中，圓形司康在我們的心裡成為司康的經典模樣。

讓我們一起思考一下依據司康操作越少越美味的特性來說，用圓形壓模切割司康是不是真的最為理想？

當使用壓模切割時，從收合散落的小麵團整形成團開始，接下來折疊與折疊，輕壓與輕壓，進入整形成厚度理想的麵餅狀階段，找出壓模切割與切割，重複切割後，再次收合麵團，再次操作與再次折疊……，對於尚未熟悉操作技巧的人，這樣反覆操作麵團，容易因過度操作而造成出筋，重新壓合麵團，手溫讓麵團升溫，加上收合麵團手法的影響，麵團會因層次混亂而導致司康外型歪倒，司康頂部因此出現不均衡的裂口。

相對的，用刀切割成形的司康能簡化步驟，加快速度，需要注意的細節少很多。

以三角形造型的司康舉例來說，乾濕食材混合後將麵疙瘩狀的麵團倒在工作檯上，散落的小麵團集中在中間，經過翻與折，慢慢輕壓成圓餅狀，用刀切米字成八塊，放在烤盤上，刷上蛋奶液就可烘焙。完全不需要再次收合剩下的麵團。

切割麵團建議用乾淨的寬面廚房刀，刀口保持垂直讓司康的切面都保持線條俐落的直切面，烘焙時，中間的層次更容易膨開長高。如果刀口歪斜，切面就會歪斜，烘焙完成的司康也會是歪斜的。

製作正方形與長方形的司康時，在整形成矩形麵餅後，應該先用刀修整四個邊後，再切十字成正方或長方塊。四個面都有切口的目的是，司康內泡打粉遇熱產生二氧化碳向上衝高時，可以讓中間的層次張開一起上升膨高，不會因為其中一個角落黏著無法展開，而形成歪斜。比起用壓模切割的方式，麵團操作次數比較少；比起製作三角形司康的米字切割方式，還是多一段收合修整剩下的麵團的工序。

對於尚未熟悉司康操作技巧的人，用刀切割的方式只需在折疊後整形成圓形麵餅狀就可進行切割，比較起來，操作上更為簡單。加上蛋糕式的米字切割方式，麵團層次相同，切割前麵團頂部已經整形平整，裂口只會出現在切割處司康的側面，是個比較快速又保持司康酥美的簡易方法。

|| 本書中的四款切割造型 ||

壓模成形

以圓形壓模垂直壓下，切割麵團。

切割成形

整成矩形的麵團，用刀切成方形、長方形、三角形，或是將整形成圓的麵團，切十字後，轉 45° 再切十字，成米字，等分為八塊。

捲捲成形

將麵團平壓成麵餅後，捲起成長條狀，再用刀切割。

入模成形

將麵團放入烤圈中，連同烤圈一起烘焙，出爐後再脫模。

司康的美味，不受外型影響；擁有美味與美麗兼具的司康，當然做得到

切面歪斜	• 無論使用壓模或是刀子，壓模與刀口盡量與工作檯保持直角，直下直上，特別是使用壓模時，記得在切割到底後，取起壓模時，避免旋轉壓模而讓切口的層次混亂。
平口的壓模更好	• 與不旋轉壓模以免造成司康切面層次混亂的理由一樣，壓模的波浪紋路容易在切割的時候損害切面的層次，因此造型單純的平口壓模能切出更漂亮的切面，在烘焙後也更容易看出鬆美的特質。如偏愛波浪紋路壓模，司康麵團應先經過約 60 分鐘的冷藏靜置，麵團質地比較硬時切割，較能保持切面線條與司康層次。
司康切面沒有膨開	• 切割用工具，特別是刀口要保持乾淨，如果沾黏著麵糊，會影響切面的乾淨與層次。 • 夾在司康切面中的果乾，融化的起司，與混合在麵糊中的香蕉、燕麥……等，也會影響司康的膨脹。 • 司康入爐前，頂部刷蛋汁時，如果刷到切割面，麵團沾黏的地方，也會影響膨開。
司康歪歪倒倒	• 切割也是造成司康歪倒的許多原因中的其中之一。切得歪，烤出來也會歪。入爐時高低不均，出爐也會高低不均。 • 觀察歪斜司康的底部會發現，由於底部麵團缺角或是不平整，進而造成司康頭重腳輕歪歪倒倒。在麵團整形時盡可能讓麵團頂部與底部保持一致的厚度與平整，就能讓司康立正長高高。 • 在司康切割後，入爐前，先輕輕均壓司康的頂部，讓司康底部確實緊貼烤盤，可以避免歪歪倒倒的成果。

不易使用壓模的狀況

- 司康中有顆粒大而質地較硬的風味食材時，例如巧克力、堅果、種籽類、硬質的起司、大塊的水果等，都會增加使用壓模切割的難度。
- 水分含量較高也較為柔軟濕黏的司康麵團，不易整形，不易切割。建議：冷藏麵團後再整形與切割。

司康頂部有大的裂口

- 如果切割前，麵餅上已見裂紋，烘焙時，泡打粉釋放的二氧化碳往上衝，將原有的裂紋拉開成裂口。頂部沒有刷蛋奶液的司康，裂口更為明顯。
- 造成司康頂部裂口的另一個原因是切割後平行收合的麵團，折疊後仍然留下原來切割的痕跡。
- 司康麵團冷凍後再烘焙，很明顯的特徵是裂口多在上方不在側面。

|| 寶盒心法 ||

失敗是架構完美的基石

當成品不理想時，請細細回想⋯⋯

是否按照食譜比例與步驟操作？

學習烘焙的過程裡，按照食譜大概是其中最簡單的。實際上，絕大多數造成失敗的原因是沒有按照食譜的比例與步驟。建議在每次操作前都先細讀食譜，確實備料，仔細秤重衡量，按照步驟的順序，不要忽略工序中的小提示，記得預熱烤箱，計時與顧爐。

如果希望跳過所有工序與過程，僅僅將所有食材一起混合攪拌，並期望獲得相同的成果，司康即使再簡單不過，也絕對無法變出魔術。

是否使用新鮮的食材？

食材的新鮮度會直接影響司康的風味與口感。某些食材或許因為不適當的保存方式而導致還在效期內卻已經酸敗腐壞而無法食用，例如油脂比例較高的堅果所磨成的細粉，或已經產生油耗味，僅靠肉眼無法判斷新鮮程度。

為了家人的健康，所有食材使用前，特別是庫存與冷凍保存的食材，最好先確認是否仍保有應有的新鮮度。

是否使用膨脹劑？份量是否正確？

司康是一種不藉打發與發酵完成的快速麵包，添加讓司康長高與蓬鬆的膨脹劑，如泡打粉與烘焙蘇打粉是必要的。如果完成的司康堅硬而平扁，建議檢查泡打粉是否有效？份量與比例是否正確？乾粉是否過篩？⋯⋯。

烘焙百分比僅僅佔 4% ～ 5% 的泡打粉，在眾多的司康材料中，是個具有影響成果並絕對不可省略的必要材料。

測試泡打粉的方法

在容器中先放入 1 小匙的泡打粉後，注入 120 毫升的溫熱水，如果快速產生大泡泡表示泡打粉還有效能。

所使用的泡打粉應保存於陰涼乾燥無陽光直射的地方，如果泡打粉開封已超過六個月，使用前應先測試泡打粉效力，以免因為幾公克影響幾百公克的好材料。

是否使用冷藏溫度的食材？

製作司康應該使用冷藏溫度的奶油、雞蛋、乳製品。

特別在天氣熱、室溫高的環境裡，我會先將所需的食材測重完畢後，放回冰箱冷藏，只有在步驟需要時才取出使用。如果是全程手動方式製作，速度上快許多，期間會特別留心環境溫度、操作時間、麵團狀態，在必要的時候會藉冷藏方式讓司康麵團降溫。

是否瞭解自家烤箱的功能？

所有的完美糕點，一半在於食材與製作，另一半在烘焙。食材與工序到位，也需要烘焙到位，才能成就真正的 100 分。

悉心製作的司康，應在最美的時候入爐，也應該在最美的時候出爐。熟悉自家烤箱的功能，切實完成烤箱預熱，以適當的溫度烘焙，顧爐觀察烘焙時間裡司康的階段性變化，掌握適當出爐時間。

完美，是累積失敗的經過後而得到的甜美果實。

能夠好好看待失敗，並在心疼時間心痛食材的同時，
面對失誤，認真完成檢討筆記，
才是最完美的領會。

CHAPTER

2

愛司康，不厭倦

經典風味

基礎奶油司康

BASIC BUTTER SCONES

以醇厚濃郁的優質奶油所製作的司康，擁有奶油獨具的深度乳脂香氣與溫潤凝脂般的口感，既是傳統，也是經典。
基礎奶油司康適合作為不同風味司康的基礎食譜，以家庭常備食材輕鬆完成，完整呈現原食材雋永而質樸的風味，怎麼搭配都得喜愛。
熟悉步驟，掌握重點，以愛調味，讓每個熱熱出爐的奶油司康，溫暖為生活滄桑的心，一起複習勇氣，重拾初心。

材料 Ingredients

司康

	材料	份量
A	中筋麵粉	160g
A	泡打粉	1½ 小匙
A	鹽	¼ 小匙
A	細砂糖	35g
	無鹽奶油（冷藏溫度）	40g
B	全蛋蛋汁（冷藏溫度）	50g
B	香草精	1 小匙
B	全脂鮮奶（冷藏溫度）	30g

司康頂 _ 烘焙前

蛋黃或是全脂鮮奶（冷藏溫度）... 1 ～ 2 小匙

份量 & 模具 Quantity & Bakeware

6 ～ 7 個壓模成形的圓形司康
（直徑 5 ～ 6 公分圓形壓模）

1 **將材料 A 過篩後加入奶油**：中筋麵粉、泡打粉、鹽、細砂糖混合過篩後，加入切小塊的無鹽奶油。

2 **手搓奶油**：用指尖將無鹽奶油與乾粉搓合成粗砂狀。

3 **測試麵團狀態**：手搓奶油的階段步驟完成時，可以簡單測試麵團狀態：抓取少量的奶油粉團在手中，緊握後鬆開，奶油與乾粉呈現結團狀態，就可進行下個步驟。如果散開不成團，可再重複步驟 2 的動作。

4 **奶油粉團中間挖凹槽後倒入材料 B**：將蛋汁、香草精、鮮奶加入後，先用叉子將液態食材略微拌合。

5 **拌合成團**：用叉子完成翻拌。食材結合成大小不均的團塊，液態食材被乾性食材完全吸收，有粉質的外觀，質地不均勻。

6 **翻．疊**：工作檯上撒少許手粉，用手掌掌心輕壓麵團，被壓過的麵團塊會密合成塊，再利用刮板將四周散落的小麵團鏟合放在麵團塊上，再次在中心輕壓一下。

7 **重複翻．折．疊．壓的動作**：重複動作直到聚合成團。

TIP：拌合的麵團在工作檯上的最初狀態看起來比較乾燥，在手動操作中能感受麵團實際乾濕度，如果翻折時會結合成團，就不需要另外加入液態食材；若在連續翻折步驟的操作中，因麵團乾燥而有散落的粉團，可適量加入液態食材調節，如鮮奶。

8 **整形．切割**：經過翻折完成的麵團，輕輕平壓成厚度約 2.3 ～ 2.8 公分的厚餅狀，使用直徑 5 ～ 6 公分圓形壓模切割。

TIP：準備裝著麵粉的小碗，切割前先將壓模壓入麵粉中，使用前抖落過多的麵粉。沾粉可以防止沾黏，抖落多餘的麵粉可以避免司康切口遺留麵粉塊。直下直上切割：將壓模 90° 向下壓，切割完後 90° 向上提，不要旋轉壓模，才能保持切割面的漂亮層次。

9 **平行收合剩下的麵團**：將剩餘麵團從外往內集中平行收合後，輕輕壓合，再切半疊起。疊起時，粗糙不平滑的夾入中間，外層是平滑的。

10 **再次切割．頂部刷蛋液**：再次輕輕壓平麵團後，用壓模切割，直到用完所有麵團。用刮板將分割好的司康移放在鋪好烘焙紙的烤盤上，中間留下間距。如使用蛋黃需先打散，刷在司康頂部；第一次薄刷，再依序均勻刷上第二次，刷兩道蛋黃液，在烘焙後上色更均衡漂亮。也可以先刷一層鮮奶後再刷蛋黃液。即可入爐烘焙。

烘焙 Baking

| 烘焙溫度 | 200℃，上下溫。
| 烤盤位置 | 烤箱中層，正中央。
| 烘焙時間 | 15 ～ 17 分鐘，應依照司康的厚度與大小調整烘焙時間。烤到頂部呈現明顯金黃色澤。
| 出爐靜置 | 出爐的司康先留在烤盤上 10 分鐘，再放在網架上冷卻。

寶盒筆記 Notes

鮮奶的份量可依喜歡的口感與蓬鬆度調整，份量為 30 ～ 75 公克，加入的鮮奶越少，司康越容易成形，口感比較偏向餅乾的鬆與乾，邊緣帶有脆殼；加入的鮮奶越多，司康越難整形，烘焙比較容易攤平，所需烘焙時間略長，口感較為濕潤。

相同的麵粉在不同的季節與不同的天氣，吸水性也有所不同。低溫冬季裡的麵粉比較乾燥，所需要的液態食材相對的比較多；在高溫潮濕的夏天時，麵粉會吸收環境中的濕氣，質地因此比較潮濕，能夠吸收的水分會比較少。

同樣的司康食譜在不同的環境氣候操作時，需要略微調整液態食材的份量。如需增加，每次加入都以小份量加入；如需減少，先倒入約八成的液態食材後，再視實際麵團狀況酌量增加，直到麵團達到理想的質地。

‖專 欄‖

以基礎奶油司康為基底的風味變化

甜美司康

- 加入其他的風味食材：巧克力、白巧克力、各種乾果、各種堅果……等。如喜歡綜合風味，例如巧克力加堅果，加入總量以不超過麵粉總量的 70% 為佳。
- 加入的風味食材若屬於新鮮的蔬果，絕大部分的蔬果需要先經過蒸、煮、炒、烤等，再使用。某些鮮果先經過冷凍能減少製作的難度，例如草莓、藍莓等。加入的蔬果淨重，建議總量不超過麵粉重量為佳。適用於中筋等筋性較高的麵粉。

鹹香司康

- 依基礎奶油司康食譜為基準，可依喜好完全刪除食用糖，或減低用糖量至麵粉的 5%。完全省略香草糖或香草精。
- 在手搓奶油後，倒入液態食材之前，先加入 100 ～ 125 公克起司絲，或是 100 ～ 125 公克培根粒。
- 另外再加入新鮮或乾燥的草本香料。已磨成細粉的辛香料，如肉桂、肉荳蔻、丁香粉、孜然……等屬於風味濃郁的辛香料。以麵粉總量 200 公克上下為例，用量應不超過 1 小撮。

基礎鮮奶油司康

BASIC CREAM SCONES

以濃醇鮮奶油成為司康的美味主力，七樣家庭常備食材，
與家人同享溫度，速度，甜蜜度，幸福度。

材料 Ingredients

司康

A
- 中筋麵粉 160g
- 泡打粉 .... 1½ 小匙
- 鹽 .... ¼ 小匙

細砂糖 35g

B
- 全蛋蛋汁（冷藏溫度）........ 50g
- 香草精 .... 1 小匙
- 動物鮮奶油 35%（冷藏溫度）........ 70g

司康頂 _ 烘焙前

全蛋蛋汁（冷藏溫度）........ 1～2 小匙

份量 & 模具 Quantity & Bakeware

6～7 個壓模成形的圓形司康
（直徑 5～6 公分圓形壓模）

1 **材料 A 過篩後加入細砂糖**：中筋麵粉、泡打粉、鹽混合過篩後，加入細砂糖，再次仔細混合。

2 **加入材料 B**：加入蛋汁、香草精、鮮奶油後，先用叉子將液態食材略微拌合。

3 **拌合成團**：用叉子完成拌合。

4 **翻折疊砌・整形**：工作檯撒少許手粉，以刮板協助進行麵團翻折疊砌動作。再輕輕平壓成厚度約 2.5 公分的厚餅狀。
TIP：當麵團過於黏手時，可適量加少許麵粉調節。

5 **壓模切割**：使用直徑 5 ～ 6 公分圓形壓模切割。剩下的麵團平行收合後，切開疊起壓合後再切割，直到用完所有麵團。
TIP：壓模在使用前先沾麵粉，可以防止沾黏。當司康麵團的水分含量較高時，壓模在每次切割完記得清潔一下，司康切口會更漂亮。

6 **頂部刷蛋汁**：切割完成的司康放在鋪好烘焙紙的烤盤上，中間留下間距。將蛋汁均勻刷在司康頂部。即可入爐烘焙。

7 **烘焙**：烤到頂部呈現明顯金黃色澤，周邊上色均勻。

烘焙 Baking

| 烘焙溫度 | 200℃，上下溫。
| 烤盤位置 | 烤箱中層，正中央。
| 烘焙時間 | 16 ～ 18 分鐘，應依照司康的厚度與大小調整烘焙時間。
| 出爐靜置 | 出爐的司康先留在烤盤上 10 分鐘，再放在網架上冷卻。

寶盒筆記 Notes

水分含量高的司康食譜，當液態食材的烘焙百分比總量超過 60% 時，在拌合過程中，有時會有類似蛋糕麵糊外觀，而誤判液態食材份量過高。碰到這樣的狀況，先不要急著加入麵粉調整乾濕度。水分高的食譜，略微拌合後，靜置一下，再拌合時就能達到理想的司康麵團狀態。這是因為麵粉需要時間才能吸收一次性加入的大量水分；靜置幾分鐘讓水分進入麵粉，讓麵粉與水分結合，就能從麵團質地上見到改變。當環境溫度較高時，可先將麵團冷藏一下後再操作。

動物鮮奶油的脂肪含量約在 35% ～ 40% 之間，全脂鮮奶的脂肪含量約在 3.0% ～ 3.5% 之間。基礎鮮奶油司康中，給予司康潤澤柔軟元素的脂肪，除了蛋黃中所含的脂肪之外，主要來自於動物鮮奶油。若以全脂鮮奶完全取代食譜中動物鮮奶油，完成的司康因油脂比例過低，而體積小、膨脹差、組織粗、質地硬、口感乾，風味上也較差。

不含奶油或其他任何固態油脂的司康，需特別留心：雞蛋與動物鮮奶油等液態食材在使用時的溫度應為冷藏溫度；烤箱確實預熱達溫，掌握操作方法與時間，整形切割完成的司康應馬上入爐烘焙。

甜味司康可搭配凝脂奶油、乳酪、果醬、蜂蜜、楓糖漿、奶油……等享受。那麼，搭配甜抹醬食用的司康，是不是可以乾脆省略材料中的糖？
雖然甜味的各種抹醬能帶給司康不同的風味享受，然而，司康材料中的糖除了調味的目的以外，糖還有其他重要功能：幫助司康保持水分、增加柔軟度、減緩老化，讓司康在烤焙的過程中漂亮上色。

沒有什麼比得上新鮮的司康。
~ 吉蓮安・阿姆斯特榮 I 澳洲女導演與製作人

There's nothing like a fresh scone.
~ Gillian Armstrong

英國鄉村司康

ENGLISH COUNTRY STYLE SCONES

簡約樸實的傳統鄉村風格，保留英國傳統司康的單純與坦率。

材料 Ingredients

司康

	材料	份量
A	中筋麵粉	150g
A	泡打粉	1¼ 小匙
A	鹽	⅛ 小匙
	無鹽奶油（冷藏溫度）	15g
B	全脂鮮奶（冷藏溫度）	60g
B	冷開水	60g

司康頂 _ 烘焙前

全脂鮮奶（冷藏溫度）...... 1 小匙
方糖或是細砂糖 .... 適量

份量 & 模具
Quantity & Bakeware

6 ～ 7 個壓模成形的圓形司康
（直徑 5 ～ 6 公分圓形壓模）

製作步驟 Directions

1 **材料 A 過篩**：將中筋麵粉、泡打粉、鹽混合後過篩。

2 **加入奶油搓合**：加入切成小塊的無鹽奶油，將奶油與乾性食材用手搓成粗砂狀。

3 **加入材料 B 拌合**：鮮奶與冷開水先攪拌均勻後加入。用叉子翻拌所有食材成麵疙瘩團塊狀。

4 **翻折疊砌．整形**：以刮板協助進行翻折疊砌動作，操作中麵團會成團。將麵團整形成厚度約 2.0 ～ 2.5 公分的麵餅。

5 **分割**：利用直徑 5 ～ 6 公分圓形壓模切割。剩下的麵團平行收合後，切開疊起壓平，再切割，直到用完所有麵團。切割完成的司康放在鋪好烘焙紙的烤盤上，中間留下間距。

6 **頂部刷鮮奶與裝飾**：在司康頂部刷上鮮奶兩次。再將方糖直接放在頂部，或是將細砂糖撒在頂部。放上的方糖要稍微輕壓一下幫助固定。完成後入爐烘焙。

烘焙 Baking

| 烘焙溫度 | 220℃，上下溫。

| 烤盤位置 | 烤箱中層，正中央。

| 烘焙時間 | 14 ～ 17 分鐘，應依照司康的厚度與大小調整烘焙時間。烤到頂部呈現明顯金黃色澤，周邊上色均勻。

| 出爐靜置 | 出爐的司康先留在烤盤上 10 分鐘，再放在網架上冷卻。

寶盒筆記 Notes

英國鄉村司康所使用的液態食材一半是鮮奶，一半是清水，加上中筋麵粉的緣故，完成的司康帶著脆脆的口感。溫熱時像是西餐副餐的小餐包，滋味樸實。

英國鄉村司康除了頂部的方糖或是砂糖裝飾外，並沒有加入糖，它的滋味偏向中性，可鹹也可甜。

司康頂部放上方糖，有著意想不到的口感。如果製作，或可各以完全不撒糖、撒細砂糖、放上方糖的方式來比較看看哪一種整體風味，更適合自己與家人。

這款司康中沒有糖，不耐放，適合現做現吃。如果是作為隔日早餐，建議先在烤箱或微波爐加熱，讓司康恢復鬆軟風味。

傳統的享用方式是以果醬或蜂蜜搭配凝脂奶油（Clotted Cream），一起享受。果醬加上打發的動物鮮奶油，或是奶油與海鹽的組合，都很讓人喜歡。

優格司康

YOGURT SCONES

低糖 + 低脂 + 無蛋；早餐 + 午茶 + 任何需要有司康作伴的時候，
熟悉的，單一的，喜歡的，不變的美味優格司康。

材料 Ingredients

香橙砂糖

新鮮柳橙皮 .... 2 個柳橙
細砂糖 30g

司康

A
中筋麵粉 220g
泡打粉 .... 2 小匙
鹽 .... ⅛ 小匙

無鹽奶油（冷藏溫度）............ 40g
原味全脂優格（冷藏溫度）.... 160g

司康頂 _ 烘焙前

原味全脂優格（冷藏溫度）.. 1 大匙
香橙砂糖 .... 1 小匙

份量 & 模具

Quantity & Bakeware

12 個壓模成形的圓形司康
（直徑 5 ～ 6 公分圓形壓模）

製作步驟 Directions

1 **製作香橙砂糖：**新鮮柳橙刨下橙皮混合細砂糖後，用手指搓揉，讓砂糖裹住柳橙皮的柑橘油脂與橙皮的新鮮香氣，備用。
TIP：刨橙皮時只需刨下表層的橙皮，避免刮到果皮白色內層帶有苦味的筋絡。建議使用有機柳橙，使用前用溫水洗淨並擦乾。

2 **材料 A 過篩後與奶油搓合：**中筋麵粉、泡打粉、鹽過篩後，加入切小塊的無鹽奶油，用指尖將奶油與乾粉搓合成粗砂狀。

3 **與香橙砂糖混拌後加入優格**：保留香橙砂糖 1 小匙做司康裝飾用。乾性食材與香橙砂糖，加上優格，用叉子一起翻拌成團塊狀。

4 **翻折疊砌・整形**：在工作檯上，以刮板協助進行麵團翻折疊砌動作。將麵團輕輕平壓成厚度約 2.0 ～ 2.5 公分的厚餅狀。

5 **切割**：使用直徑 5 ～ 6 公分圓形壓模切割。剩下的麵團平行收合後，切開疊起壓平，再切割，直到用完所有麵團。放入鋪好烘焙紙的烤盤上，中間留下間距。

6 **冷凍麵團 15 分鐘：**整個烤盤進冰箱冷凍 15 分鐘。冷藏需要約 30 ～ 40 分鐘。
TIP：司康食材的油脂比較低，操作中奶油與優格容易升溫，冷凍步驟可以幫助司康定型。不經過冷凍冷藏步驟，直接烘焙也可以，司康比較容易歪歪倒倒的，外型不影響滋味。

7 **頂部刷優格與裝飾**：在司康頂部刷優格後，撒上香橙砂糖。完成後入爐烘焙。

烘焙 Baking

| 烘焙溫度 | 200℃，上下溫。
| 烤盤位置 | 烤箱中層，正中央。
| 烘焙時間 | 14 ～ 18 分鐘，應依照司康的厚度與大小調整烘焙時間。
烤到頂部呈現明顯金黃色澤，周邊上色均勻。
| 出爐靜置 | 出爐的司康先留在烤盤上 10 分鐘，再放在網架上冷卻。

「這司空餅的確名下無虛，比蛋糕都細緻，麵粉顆粒小些，吃著更『麵』些，但是輕清而不甜膩……」

——張愛玲《談吃魚畫餅充飢》

寶盒筆記 Notes

【麵團操作】

- 手指有溫度，直接用手操作麵團的時間越短越好。可以借助刮板、叉子、矽膠攪拌棒、飯勺……幫助完成麵團製作。
- 司康麵團擁有粗糙、不均勻、不光滑的特質。烘焙後的司康也因此擁有鬆酥的層次與質地。
- 如已擁有司康製作經驗，只要麵團沒有升溫變軟，可以不必經過冷藏冷凍的步驟，直接烘焙。冷凍靜置後，麵團比較穩定，經過高溫時，奶油不會立即融化，司康會膨得比較高。

【確保美味的烘焙】

- 司康的烘焙要烤熟烤透，才不會因為司康中夾著生麵團而影響司康的味道。
- 司康頂部刷優格有助於保持司康的滋潤，也有助於上色。在烘焙接近完成時，可以看到頂部與周邊開始顯色。
- 優格司康中沒有雞蛋，糖量較低，加上使用的是白砂糖，經過烘焙比較不容易上色，要注意觀察以免烘焙時間過長，司康會比較乾。

【畫龍點睛的橙皮屑】

- 這款優格司康中的柳橙皮屑是司康的香料，也是司康香氣來源。如以檸檬替換柳橙，可以完成檸檬風味的優格司康。
- 手邊沒有新鮮水果時，或可將香草精 1 小匙與優格混合後加入。

純素者可用等量乳瑪琳取代奶油，豆漿優格取代乳製品優格。

食譜的糖量很少，甜度很低，適合搭配果醬、乳酪、奶油、蜂蜜……食用。

‖專 欄‖ 司康的享用與保存

司康出爐後，靜置在網架上，等熱氣略微散發，溫熱享受最為美味。

傳統享受司康的方式是在溫熱的司康上抹上草莓果醬與凝脂奶油（Cloed cream）。除此之外，搭配新鮮的水果如草莓、檸檬醬、柑橘果醬，淋上楓糖或蜂蜜……等，都是下午茶時光裡的好選擇。

至於到底是應該先抹果醬還是先抹凝脂奶油這個沒有對與錯的爭議，英國兩個凝脂奶油的重要產地：德文郡與康沃爾郡兩方各執己見，經年累月為此爭執不休……。偶然間看到英國媒體對此的報導，在此之前，完全沒有注意我到底是先抹果醬還是先抹凝脂奶油。或許忘記規則，單純依照自己的心意，快樂地享受司康才是重要的。

吃不完的司康可以室溫保存，或仔細包裝後冷凍保存。短期內無法食用完畢的司康，冷凍儲存是最理想的保鮮方法（冷凍之前須確認司康已完全冷卻再裝盒）。冷凍可減緩麵粉老化作用，能保持質地也保持口感。為避免司康走味，不建議以冷藏方式保存司康。

含有澱粉質的食物冷卻後，無論中式的饅頭或蔥油餅還是西式的司康或麵包，質地都會變得比剛出爐時硬。只需要將澱粉質食物再次加熱，就能讓質地回軟。

司康重新加熱：

① 室溫中的司康，可在已預熱至 175℃的烤箱中烤 5 ～ 7 分鐘。

② 冷凍的司康解凍後，在預熱好的烤箱，以 175℃烤 5 ～ 7 分鐘。或將冷凍司康在室溫中靜置 30 ～ 60 分鐘回溫，享受常溫滋味。

③ 切半的司康也能使用小型電烤箱或是烤麵包機加熱。

④ 以微波爐加熱司康雖然速度較快，不過因為司康的酥美鬆香的質地會因微波爐加熱而變得濕軟，並非理想的加熱方法。如因需要必須用微波爐加熱，建議使用中段功率，每隔 10 ～ 20 秒檢查後，再決定是否需要繼續加熱。

＊加熱司康所需的實際時間應依司康的大小與厚度調整。

CHAPTER

3

我的司康，我的守候

堅果
·
種籽
·
果乾風味

蛋黃酥胡桃司康

SALTED DUCK EGG YOLK AND PECAN SCONES

脆口米飯與酥美胡桃間伴隨鹹香醇厚的油潤鹹蛋黃；
酥美美鬆沙沙的淡鹽風味；
這時候，除了一盞好茶，什麼也不需要。

材料 Ingredients

司康

熟的鹹蛋黃	2 個
植物油	20g
細砂糖	1 小匙
A 中筋麵粉	150g
A 泡打粉	1¼ 小匙
A 鹽	¼ 小匙
冷飯（未經冷藏）	30g
胡桃碎	20g
動物鮮奶油 35%（冷藏溫度）	85g

司康頂 _ 烘焙前

蛋黃（冷藏溫度）	1 ～ 2 小匙
胡桃碎	1 小匙
深色紅糖	1 小匙

份量 Quantity

8 個切割成形的長條形司康

1 **鹹蛋黃拌油與糖**：鹹蛋黃中加入植物油，用小叉子壓成碎塊，拌入細砂糖，均勻拌合備用。

TIP：鹹蛋黃壓成大碎粒，完成後能品嚐到鹹蛋黃的顆粒。鹹蛋黃中加入微量的糖能提味，讓鹹蛋黃的鹹味不澀口並多分鮮甜。

2 **材料 A 過篩並加入冷飯**：中筋麵粉、泡打粉、鹽混合過篩後，加入冷飯拌合。盡可能將冷飯粒粒分開均勻裹上乾粉，結塊的飯粒可用手指尖搓散。

3 **拌合油糖鹹蛋黃與胡桃碎**：用叉子將食材拌合均勻。

4 **最後加入動物鮮奶油**：用叉子將所有食材翻拌均勻。完成的麵團呈團塊狀，類似麵疙瘩，麵團乾濕合宜，不會黏手。

5-1 **折・疊：**將拌合後的麵團塊倒在工作檯上。以刮板協助進行麵團翻折與折疊動作。

TIP：乾濕度合宜的麵團，不需要任何手粉。如使用手粉，應注意使用量。

5-2 用手掌掌心在麵團塊上輕壓一下。被壓過的麵團塊會密合成塊。

5-3 利用刮板將四周散落的小麵團鏟合放在被壓過的麵團塊上。

5-4 再次在中心輕壓一下。

5-5 再次將四周散落的小麵團塊集中，一樣放在被壓過的麵團上。第三次輕壓麵團。

5-6 用刮板將四周不平整的地方切開後，放在麵團中央，再次輕壓一下。連續壓合動作能讓散落的小麵團塊在操作中聚合成團。

5-7 將麵團等切為二後，上下疊起，或是對折也可以。疊起與折起步驟讓司康麵團包覆空氣，完成的司康能因此擁有鬆酥與層次感。

5-8 **整形**：將刮板平放麵團上，用手輕壓刮板讓麵團表面平整。輕輕平壓麵團成約 16×8 公分的長方形。

TIP：步驟完成時能夠很明顯的看到成團的麵團，食材並不均勻，麵團也不光滑，是司康麵團完成時應有的狀態。

6 **切割：**等切成 8 塊長條狀。放在鋪好烘焙紙的烤盤上，中間留下小間距。

7 **頂部刷蛋黃與裝飾：**在司康頂部刷上蛋黃，來回兩次，第一次薄，第二次厚。接著將胡桃碎與深色紅糖拌合後均勻撒在頂部。完成後入爐烘焙。

烘焙 Baking

| 烘焙溫度 | 200℃，上下溫。

| 烤盤位置 | 烤箱中層，正中央。

| 烘焙時間 | 16 ～ 18 分鐘，應依照司康的厚度與大小調整烘焙時間。烤到頂部呈現明顯金黃色澤，周邊上色均勻。

| 出爐靜置 | 出爐的司康先留在烤盤上 10 分鐘，再放在網架上冷卻。

寶盒筆記 Notes

胡桃之外，有豐富自然油脂的核桃也是很好的選擇。

手溫比較高的人，可以借助刮板或寬面刀等輔助工具，戴食品製作專用的隔熱薄手套也是一種隔離手溫的方法。另外，在製作前，確認所使用的食材盡可能是冷藏溫度：所有乾粉可以先秤好並混合後，放入冰箱，備料與烤箱預熱一旦完成，就可立即操作，立即烘焙。

司康食譜所使用的油脂如果是奶油，在操作中奶油軟化與麵團升溫時，可以將麵團包上保鮮膜後送入冰箱冷藏，等麵團降溫再繼續操作。

榛果蜂蜜司康

HAZELNUT AND HONEY SCONES

解鎖榛果，鍾情蜂蜜。
將磨成粉末的榛果融入司康裡，
讓花蜜在季節裡收集的甘甜襯托榛果的風味奧秘，
每個榛果蜂蜜司康都能換得滿心鍾愛。

材料 Ingredients

司康

A
- 中筋麵粉 150g
- 泡打粉 .... 1¼ 小匙
- 鹽 .... ⅛ 小匙

- 榛果磨成的細粉 50g
- 酸奶油（冷藏溫度）........................ 65g

B
- 蜂蜜 30g
- 蛋黃 .... 1 個
- 植物油 30g

- 榛果（去皮剖半）........................ 20g

司康頂 _ 烘焙前

蛋黃 + 酸奶油 .... 少許

份量 Quantity

6 個切割成形的長方形司康

材料重點

- 酸奶油，Sour cream，可以用等量的全脂原味優格取代。因優格乳脂較低，水分較高，或會因此提高麵團的濕度，視實際麵團乾濕度，可適量加入 1 小匙到 1 大匙的麵粉調節。
- **自製酸奶油：**
  動物鮮奶油 35% + 新鮮檸檬汁
  快速製作，即可使用。

  【食材比例】
  動物鮮奶油 120 公克（冷藏溫度）
  新鮮檸檬汁 ½ ～ 1 小匙（約 2.5 ～ 5.0 公克）

  【製作方法】
  在動物鮮奶油中加入新鮮檸檬汁後，用打蛋器手動攪拌，不需到打發程度，動物鮮奶油在攪拌中會凝結，只需要 1 ～ 2 分鐘，呈固態質地，自製酸奶油完成。

【製作重點】

- 調整酸奶油的軟硬與稀稠程度：加入一點沒有打發的鮮奶油調和，可幫助酸奶油軟化與稀釋。略微增加檸檬汁的份量，能增加酸奶油的硬度與稠度。
- 白色的米醋與淡色的水果醋可以取代新鮮檸檬汁。以味道來說，我比較喜歡用檸檬汁完成的成品。
- 冷藏溫度的動物鮮奶油非常容易打發，手動攪拌比較容易控制速度，不會因為打得過發而讓鮮奶油不平滑花花的狀態。鮮奶油打得過發時，可加入少量動物鮮奶油拌合調節。
- 市售的酸奶油乳脂肪含量約為 20%。自製酸奶油所使用的動物鮮奶油乳脂肪含量則是 35%。
- 裝入乾淨果醬瓶中的酸奶油，冷藏保存可保鮮約 3 ～ 4 天。

製作步驟 Directions

1 材料 A 過篩後加入榛果細粉：中筋麵粉、泡打粉、鹽混合過篩後，加入榛果磨成的細粉，再次仔細混合。（如圖 A）

TIP：榛果磨成的細粉顆粒比較粗，過篩較難。先將其他乾性食材過篩後，再加入榛果粉，仔細混合。所使用的榛果細粉是帶皮磨成的細粉，色澤較深。

2 拌入酸奶油：用叉子將酸奶油與乾性食材略微拌合，乾性食材會開始結成團塊。（如圖 B）

3 加入混合後的材料 B：蜂蜜、蛋黃、植物油先混合後再加入，略微拌合。（如圖 C）

4 加入榛果：最後加入榛果，用叉子將所有食材翻拌完成。（如圖 D）

5 翻折・壓疊：以刮板協助進行麵團翻與折動作。麵團中有榛果粒，麵團需要壓合，讓麵團與榛果緊密結合，在切割時才不會散落。

6 整形・切割：麵團經過翻折步驟後，輕輕平壓成約 16×8 公分的長方形，等切成6～8塊。放入鋪好烘焙紙的烤盤上，中間留下間距。麵團上方用西餐刀的刀背壓出十字花紋（也可不壓花紋）。（如圖 E）

TIP：壓花紋避免壓到底，烘焙中，因泡打粉作用會讓司康形成比較大的裂口。

7 頂部刷蛋黃酸奶油：先混合留在容器中剩餘的蛋黃與酸奶油，刷在司康頂部。完成後入爐烘焙。（如圖 F）

烘焙 Baking

| 烘焙溫度 | 200℃，上下溫。

| 烤盤位置 | 烤箱中層，正中央。

| 烘焙時間 | 18 ～ 22 分鐘，應依照司康的厚度與大小調整烘焙時間。烤到頂部呈現明顯金黃色澤，周邊上色均勻。

| 出爐靜置 | 出爐的司康先留在烤盤上 10 分鐘，再放在網架上冷卻。

‖專 欄‖ 棒果的淺知識

榛果，英文：Hazelnut，又稱為榛子，是帶殼類的堅果。平常所食用的榛果是榛果除殼後的果仁。

榛果擁有特殊的堅果香氣與風味，無論在甜味糕點或是鹹味料理中的搭配，都能體會榛果魅力。榛果並能取代部分碳水化合物，對於有麩質過敏困擾或是希望減少碳水化合物攝取的人來說，是極為理想的替代食材之一。

榛果與核桃一樣，屬於脂肪量高的堅果。每 100 公克的榛果中總脂肪含量約在 61 公克，高溫潮濕環境與不當的保存方式都容易加速榛果酸敗腐壞。當果仁有油耗味與麻苦味，就表示榛果已經變質，不宜再食用。

製作

榛果磨成的細粉在坊間並不容易買到，可以利用食物調理機或是其他研磨機在家製作。使用食物調理機時，使用刀片裝置，以中速操作，為了避免榛果出油，建議以間隔 10 秒開 - 關 - 開 - 關啟動鈕的方式操作，直到達到理想粗細的榛果粉末。

保存

磨好的榛果粉如果用不完，多層密封包裝後以冷凍保存。榛果一旦被磨成細粉後，保存期會減短，應該盡快使用完畢。

注意事項

以榛果粉取代部分小麥麵粉時，總量應不超過小麥麵粉總重的 30%；不能以榛果粉與小麥麵粉 1:1 等量替換。榛果粉中的油脂，會加速糕點餅乾的上色速度，需要注意調整烘焙溫度與烘焙時間。

榛果的最佳拍檔

榛果適用於甜點與鹹點，最佳風味組合拍檔：

甜味：巧克力、咖啡、可可、香草、奶油、乳酪、柳橙、柑橘、蜂蜜、燕麥……等等。

鹹味：羊奶起司、菲達起司、鮮奶油、優格……等等。

杏仁糖脆司康

ALMOND AND BROWN SUGAR CRUNCH SCONES

以喀嚓喀嚓的糖脆聲詮釋甜味與甜意的深深淺淺。
從杏仁糖脆司康起步，愛司康的心，從此不隱藏。

材料 Ingredients

司康

	材料	份量
A	中筋麵粉	150g
A	泡打粉	1¼ 小匙
A	鹽	¼ 小匙
	杏仁磨成的細粉	25g
	三溫糖，或是德麥拉拉蔗糖 Demerara sugar	40g
	無鹽奶油（冷藏溫度）	20g
B	蛋黃（冷藏溫度）	1 個
B	動物鮮奶油 35%（冷藏溫度）	100g
B	杏仁精	¼ 小匙

司康頂 _ 烘焙前

材料	份量
蛋黃（冷藏溫度）	半個
德麥拉拉蔗糖 Demerara sugar	10g
糖粉	適量

份量 & 模具 Quantity & Bakeware

7 ～ 8 個壓模成形的圓形司康
（直徑 5 ～ 6 公分圓形壓模）

1 **材料A加入杏仁細粉與三溫糖**：中筋麵粉、泡打粉、鹽混合過篩後，加入杏仁磨成的細粉與三溫糖（或是德麥拉拉蔗糖），再次仔細混合。

2 **加入奶油**：加入切小塊的無鹽奶油，用指尖將奶油與乾粉搓合成粗砂狀。

3 **測試麵團狀態**：手抓奶油粉團測試，若緊握後會結團，表示完成。

4 **加入材料B**：加入蛋黃、鮮奶油、杏仁精。

5 **拌合成團**：先用叉子將液態食材略微拌合後，再用叉子將所有食材完成翻拌。

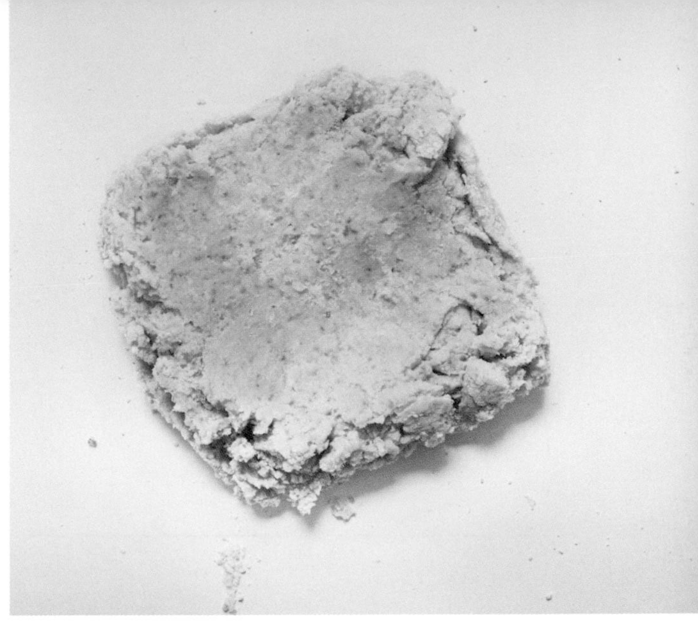

6 **翻折與疊砌**：以刮板協助進行麵團翻折疊砌動作。

7 **整形・切割**：麵團經過翻折步驟後，輕輕平壓成厚度約 2.5 公分的厚餅狀，使用直徑 5 ～ 6 公分的圓形壓模，壓模 90° 角向下壓，完成切割後不要旋轉壓模，將壓模向上提起。

8 **收合與疊砌**：切割後剩下的麵團平行收合，疊砌後壓合。

9 **再次整形・切割**：對切開疊起後壓平，再以壓模切割，直到用完所有麵團。

10 **頂部刷蛋黃**：將切割完成的麵團放在鋪好烘焙紙的烤盤上，中間留間距。蛋黃先打散，刷在司康頂部；第一次薄刷，第二次再刷能讓蛋黃液均勻。

11 **裝飾糖粒與撒糖粉**：將糖粒撒在司康頂部後篩上糖粉。完成後入爐烘焙。
TIP：粗顆粒的糖粒，烘焙後不會完全融化，它的魅力不僅顯現在甜度上，喀嚓喀嚓的糖脆口感是這款司康的優質特色。

烘焙 Baking

｜烘焙溫度｜ 200℃，上下溫。

｜烤盤位置｜ 烤箱中層，正中央。

｜烘焙時間｜ 15 ～ 17 分鐘，應依照司康的厚度與大小調整烘焙時間。烤到頂部呈現明顯金黃色澤，周邊上色均勻。

｜出爐靜置｜ 出爐的司康先留在烤盤上 10 分鐘，再放在網架上冷卻。

‖專 欄‖ 杏仁的淺知識

杏仁在所有的堅果中是風味與香氣最為中性與溫醇的堅果，是烘焙食材中少數的百搭食材之一，無論是與鮮果、咖啡、茶的組合，或者與其他堅果混合使用，滋味淡雅且風味宜人的杏仁都是極佳的選擇。

杏仁粉

杏仁磨成的細粉（使用食譜如：杏仁糖脆司康）有兩種：市售的「馬卡龍用杏仁粉」是以去除外皮後的杏仁磨成粉末而成。第二種是將帶著紅褐色外皮的生杏仁直接磨成細粉。

杏仁去皮與否，杏仁粉粗細，都會影響風味。使用帶皮杏仁磨成的細粉，麵糊的色澤會比較深，烘焙時也比較容易上色。杏仁磨成的粉粒較粗時，司康的組織質地也會因此較為粗糙，杏仁的風味會比較明顯。

利用杏仁磨成的細粉取代部分的麵粉來製作司康，能為司康增添杏仁的滋味與香氣，天然的杏仁油脂給予司康更好的滋潤度，特別是杏仁所含的豐富的蛋白質，以及澱粉含量低於其他許多無麩質麵粉的特性，對施行低碳水化合物飲食計劃的人，有絕對的吸引力。

核桃、榛果等其他堅果所磨成的細粉都可用於取代杏仁粉。如對杏仁與其他堅果有過敏困擾，可以利用燕麥片磨成的細粉、斯佩爾特小麥麵粉 Spelt Flour、全麥麵粉等，等量替換食譜中的杏仁粉，就能完成適合自己與家人的美味司康。其中，燕麥片容易吸收水分，利用家庭調理機打成細粉後，建議先將燕麥片的細粉，加入一點椰子油或是無鹽奶油的鍋中炒香後，再使用。

杏仁精 Almond Extract

杏仁精是透過將杏仁的種子冷榨後與酒精混合製成的天然香精。富有天然杏仁油脂的杏仁精能為杏仁優格黑糖司康更深的味覺感動。

義大利的杏仁利口酒 Amaretto Liqueur 可用於替代杏仁精。因杏仁精是濃縮的，使用杏仁利口酒替換時的比例是杏仁精的 4 倍。以杏仁糖脆司康食譜舉例：杏仁精 1/4 小匙 = 杏仁利口酒 1 小匙。

或可利用各種堅果釀製而成的風味利口酒作為香精替換，如：義大利知名榛果風味的 Frangelico Hazelnut Liqueur，以及同為義大利出產的核桃與榛果利口酒 Nocello Walnut Liqueur，都可作為烘焙香精來使用。

含有酒精的利口酒取代香精使用於司康製作，經過高溫烘焙後，利口酒中的酒精會散發，風味與香氣會保留下來。高濃度酒精含量的風味酒不但能給予司康香氣，同時也會能讓司康內部的組織與質地更鬆美。

杏仁精與香草精，兩者的風味截然不同，但可以香草精等量替代食譜中的杏仁精，讓杏仁司康帶著甜蜜香草味。

椒鹽花生司康

SICHUAN STYLE PEANUT SCONES

微微辛麻的花椒與記得海水香的海鹽，
同為也脆也香的花生，釋放期待的鹹香。

材料 Ingredients

司康

A
- 中筋麵粉 175g
- 泡打粉 .... 1¼ 小匙
- 海鹽 .... ¼ 小匙
- 椒鹽 .... ½ 小匙

- 黑芝麻 10g
- 脫皮熟花生（整粒、碎粒各半）........ 100g
- 植物油 30g
- 雞蛋（冷藏溫度）........ 1 個
- 全脂鮮奶（冷藏溫度）........ 80g

司康頂 _ 烘焙前

- 植物油 .... 1 小匙
- 新鮮羅勒葉片 .... 8 ～ 10 片

材料重點

食譜中所使用的植物油是葵花籽油。任何氣味與色澤中性、沒有強烈餘味、冒煙點超過 200℃ 的植物油，都可以使用。

份量 Quantity

8 個切割成形的四角形司康

製作步驟 Directions

1 **材料 A 過篩並加入黑芝麻：**中筋麵粉、泡打粉、海鹽、椒鹽混合過篩後，加入黑芝麻拌合。（如圖 A）

2 **拌入脫皮花生：**將整粒與碎粒的熟花生加入混勻。（如圖 B）
TIP：購買完整的花生粒，再將一半的花生切成大碎粒。

3 **加入植物油與雞蛋：**用叉子略微拌合。（如圖 C）

4 **最後加入鮮奶：**用叉子將所有食材翻拌均勻。完成的麵團有濕潤度，會略微黏手。（如圖 D）

5 **翻與折：**以刮板協助進行麵團翻與折動作。
TIP：麵團黏手時，雙手沾點水，可以幫助操作。

6 **整形・切割：**麵團經過翻折步驟後，輕輕平壓成約 16×8 公分的長方形，再將麵餅等切成 8 塊。將分切好的麵團放在鋪好烘焙紙的烤盤上，中間留下間距。（如圖 E）

7 **頂部刷植物油與裝飾：**在司康頂部刷上植物油，放上新鮮羅勒葉片後輕壓一下讓葉片緊貼司康。完成後入爐烘焙。（如圖 F）

烘焙 Baking

| 烘焙溫度 | 200℃，上下溫。
| 烤盤位置 | 烤箱中層，正中央。
| 烘焙時間 | 16 ～ 18 分鐘，應依照司康的厚度與大小調整烘焙時間。烤到頂部呈現明顯金黃色澤，周邊上色均勻。
| 出爐靜置 | 出爐的司康先留在烤盤上 10 分鐘，再放在網架上冷卻。

寶盒筆記 Notes

如果對雞蛋過敏或希望省略雞蛋，可將鮮奶用量調整至 115 ～ 120 公克。不加雞蛋的司康蓬鬆度會差一點，司康也比較不容易上色。

A
B
C
D
E
F

南瓜籽司康

PUMPKIN SEED SCONES

豐富田原氣息的酥美南瓜籽，讓揉合海鹽與奶油香的司康，
同時擁有類似堅果的咀嚼口感與南瓜籽的果仁驚喜。

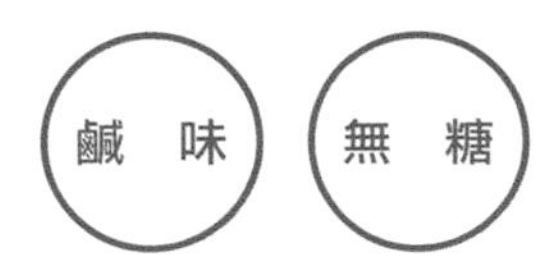

材料 Ingredients

司康

A
- 中筋麵粉 120g
- 泡打粉 .... 1½ 小匙
- 海鹽 .... ¼ 小匙

- 帶殼南瓜籽碎 30g
- 無鹽奶油（冷藏溫度）........................ 25g

B
- 蛋黃（冷藏溫度）........................ 1 個
- 動物鮮奶油 35%（冷藏溫度）........ 70g

司康頂 _ 烘焙前

- 動物鮮奶油 35% .... 1 大匙
- 粗砂糖 .... 1 小匙

份量 Quantity

6 個切割成形的方形司康

製作步驟 Directions

1 **材料 A 過篩後加入南瓜籽碎**：中筋麵粉、泡打粉、鹽混合過篩後，加入帶殼南瓜籽碎後混合。（如圖 A、B）

2 **手搓奶油**：加入切成小塊的無鹽奶油，用指尖將奶油與乾粉搓合成粗砂狀。（如圖 C）

3 **拌入材料 B**：將蛋黃與動物鮮奶油均勻打散後加入，拌合成麵團。（如圖 D、E）
TIP：拌合完成後的麵團是散落的大小團塊與粉塊，這是正確的狀態。

4 **翻與折**：工作檯上略撒手粉（食譜份量外），將麵團移至工作檯上，以刮板協助進行麵團翻折與折疊動作。

5 **切割成形**：輕輕平壓成厚度約 2.0 ～ 2.5 公分的長方形麵餅狀，等切成 6 塊方形麵團。放在鋪好烘焙紙的烤盤上，之間留下間距。

6 **頂部刷鮮奶油與撒糖**：在司康頂部刷動物鮮奶油兩次，再均勻撒上粗砂糖。完成後入爐烘焙。（如圖 F）

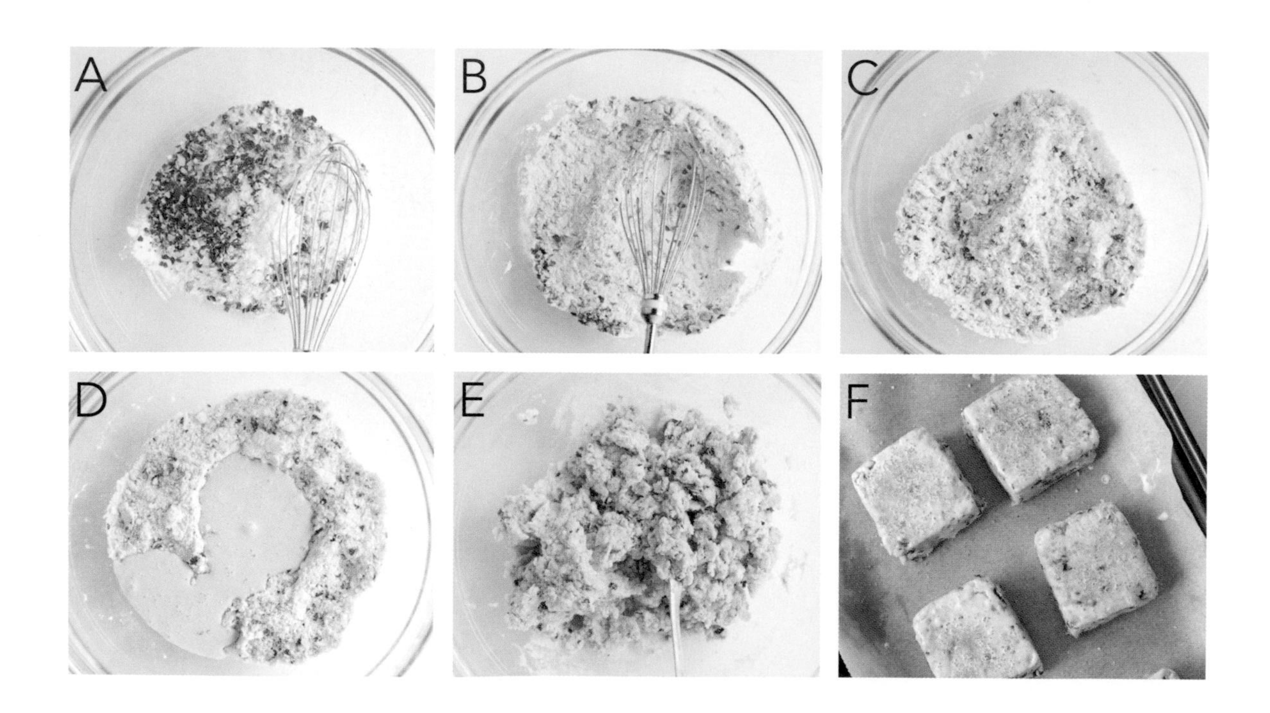

烘焙 Baking

| 烘焙溫度 | 200℃，上下溫。

| 烤盤位置 | 烤箱中層，正中央。

| 烘焙時間 | 16～18 分鐘，應依照司康的厚度與大小調整烘焙時間。烤到頂部呈現明顯金黃色澤，周邊上色均勻。

| 出爐靜置 | 出爐的司康先留在烤盤上 10 分鐘，再放在網架上冷卻。

寶盒筆記 Notes

【南瓜籽】

- 南瓜籽是南瓜的種籽。食譜中使用乾烘原味沒有添加香料與鹽分的帶殼南瓜籽。帶著外殼的南瓜籽在烘焙後，南瓜籽殼會變脆，並讓司康有著特殊的類似堅果香，很建議嘗試。
- 南瓜籽除了可以用乾果機烘乾後保存之外，也可以用乾鍋炒香：中火熱鍋，不需加油，加入南瓜籽後，需用鍋鏟不斷翻動，讓南瓜籽均勻受熱。南瓜籽的體積小，所需時間約 3～5 分鐘，聞到香氣時就可以起鍋冷卻。炒香的南瓜籽需立即起鍋，避免鍋子的餘溫讓南瓜籽繼續加熱而導致焦黑。

南瓜籽的天然油脂結合奶油所完成的南瓜籽司康，鹹香滋味搭配脆口南瓜籽，複合層次口感，純粹中更見美好。

在茅屋起司（Cottage cheese）上淋少許的南瓜籽油，是搭配南瓜籽司康最好的抹醬。

‖ 專欄 ‖

推薦給堅果過敏者的替代食材

對堅果類食材有過敏現象的人，應該避免食用核桃、胡桃、榛果、杏仁、松子、腰果、開心果、夏威夷果仁……等堅果。

鹹味食譜

可用於替換堅果類的食材如葵瓜籽、南瓜籽、芝麻……等種籽類食材，橄欖、燕麥片、格蘭諾拉麥片……等。

甜味食譜

可用於替換堅果類的食材如葡萄乾、杏桃乾、李子乾……等果乾，巧克力、椰子、乾燥的米穀……等。

除此之外，含有豐富蛋白質的豆類食材也是替代堅果的選擇之一。

種籽類的食材，在使用前先經過乾烘，更能增加種籽的風味。如果所使用的種籽已經經過鹽醃或鹽烤，應該減少或是扣除食譜中的用鹽，才不致讓成品的鹹度過高。

黑糖核桃葡萄乾司康 黑糖酥頂

TAIWANESE BROWN SUGAR SCONES WITH TOASTED WALNUTS AND GOLDEN RAISINS

黑糖令人著迷的焦糖糖蜜風味，
緊緊擁抱酥美的烙核桃與潤美非常的黃金葡萄乾，
搭配酥不可言的黑糖酥頂，全是口感與味感的感動旅程。

材料 Ingredients

司康

核桃粒 70g

A
- 中筋麵粉 175g
- 泡打粉 .... 2 小匙
- 鹽 .... ¾ 小匙

核桃磨成的細粉 35g
台灣黑糖 45g
無鹽奶油（冷藏溫度）........ 50g
黃金葡萄乾（洗淨瀝乾）........ 70g

B
- 雞蛋（冷藏溫度）........ 1 個
- 香草精 .... 1 小匙
- 全脂鮮奶（冷藏溫度）........ 60g

司康頂 _ 烘焙前

全脂鮮奶（冷藏溫度）........ 1 大匙

黑糖酥頂

中筋麵粉 20g
台灣黑糖 15g
無鹽奶油（冷藏溫度）........ 15g
剩餘的司康麵團 .... 約 20g

材料重點

- 黃金葡萄乾先用溫水沖洗後泡溫水或烈酒，等到葡萄乾展開，確實瀝乾再使用。浸泡溫水時間不宜超過 30 分鐘，以免果肉不完整。
- 黃金葡萄乾可用其他品種的葡萄乾或是其他果乾等量替代。替換的果乾使用前應先浸泡到展開，過大的果乾建議先切成葡萄乾大小再使用。

份量 & 模具 Quantity & Bakeware

10 個壓模成形的圓形司康（直徑 5 ～ 6 公分圓形壓模）

1 **焙核桃**：無油乾鍋內加入核桃，以中小火乾炒，核桃油脂較高，要不時翻動才不會焦，幾分鐘後，聞到核桃的香氣，也看得到核桃上色，立即離火起鍋。靜置冷卻後，用手撥成大碎粒。

2 **核桃脫皮**：核桃冷卻後，將核桃放入粗孔的篩網，稍微用手輕輕搓，或是輕輕晃動篩網，核桃的外皮就會脫落。不需要完全脫皮乾淨，大部分都乾淨就可以。核桃仁的外皮有微苦味並帶著澀口感，脫皮後的核桃仁味道純美，經過烘焙會更香酥。

3 **材料A加入核桃粉與黑糖**：中筋麵粉、泡打粉、鹽混合與過篩後，加入核桃磨成的細粉與黑糖，再次仔細混合。

TIP：核桃磨成的細粉顆粒比較粗，過篩較難。先將其他乾性食材完成過篩後，再加入核桃粉，仔細混合就可以。

4 **手搓奶油**：加入切小塊的無鹽奶油後，將奶油與乾性食材用手搓成粗砂狀。黑糖容易吸收濕氣而結塊，手搓奶油時，可一併將黑糖搓碎。階段步驟完成時，緊握粉團測試，如粉油結成團塊，表示完成。

5 **加入核桃碎與葡萄乾：**加入後，用叉子略微混合。

6 **加入材料 B：**加入雞蛋、香草精、鮮奶，用叉子將所有食材拌合完成。

7 **翻折　整形**．以刮板協助進行麵團翻與折動作。麵團經過翻折疊步驟後，輕輕壓平。

TIP：麵團黏手，在翻折疊與壓模切割步驟中，使用微量手粉（食譜份量外）。

8 **切割：**使用直徑 5 ～ 6 公分圓形壓模切割成塊。平行收合剩下的麵團，切開疊起後將麵團輕輕壓合，再切割，約可製作 10 個圓形司康。保留剩下約 20 公克的司康麵團製作酥頂。

9 **入烤盤**：放入鋪好烘焙紙的烤盤上，中間留下間距。

10 **頂部刷鮮奶**：在麵團頂部刷上鮮奶，刷兩次。

11 **製作黑糖酥頂**：將黑糖、麵粉、奶油、剩下的麵團一起用手搓成小塊狀。

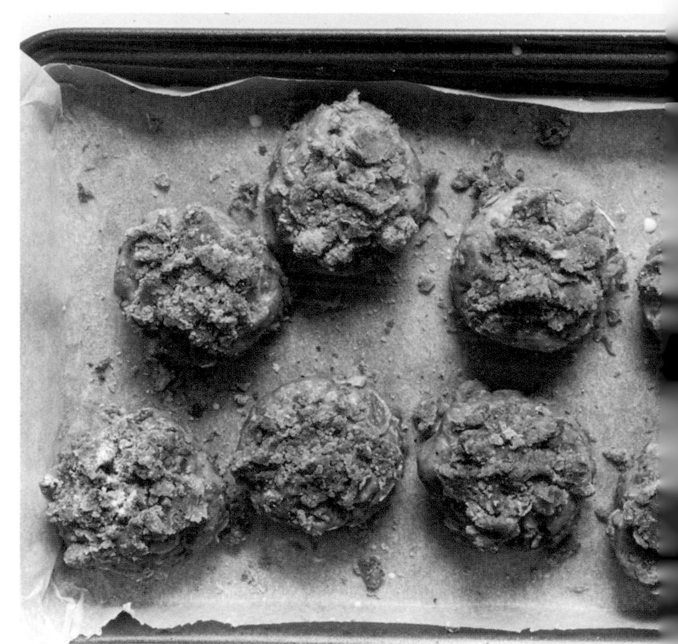

12 **裝飾黑糖酥頂**：將酥頂撒在司康的頂部。輕壓酥頂幫助固定。完成後入爐烘焙。

烘焙 Baking

| 烘焙溫度 | 200℃，上下溫。

| 烤盤位置 | 烤箱中層，正中央。

| 烘焙時間 | 20 ～ 24 分鐘，應依照司康的厚度與大小調整烘焙時間。烤到頂部呈現明顯金黃色澤，周邊上色均勻。

| 出爐靜置 | 出爐的司康先留在烤盤上 10 分鐘，再放在網架上冷卻。

寶盒筆記 Notes

【黑糖】

- 令人感動的台灣黑糖，含有類似焦糖味的溫潤糖蜜，用於司康烘焙中，其滋味的豐潤程度超乎想像。即使在環境乾燥的奧地利，測試完成的黑糖核桃葡萄乾司康，無遮無蓋留置室內三天時間，始終保有初出爐的完美質地與滋味。
- 步驟中的黑糖酥頂雖可省略，但確實值得一試。以黑糖製作的酥頂，醇美滋味，讓人一試難忘。
- 若無台灣黑糖，可以使用紅糖 Dark brown sugar，或是以下風味與台灣黑糖較為近似但不完全相同的天然蔗糖等量替換：
  - 未經精煉的蔗糖 Raw cane sugar
  - 天然蔗糖 Natural brown sugar
  - 德麥拉拉蔗糖 Demerara sugar
  - 托比那多蔗糖 Turbinado sugar

【核桃仁】

- 生核桃仁的外皮帶有微苦味與澀口感，經過乾烙加熱過程，能逼出核桃內的豐富天然油脂，凸顯核桃香氣，並能輕易去除帶有苦澀外皮，只保留核桃果仁最佳的甘甜風味。
- 經過乾烙的核桃比較輕，食譜中的重量是乾烙前的實重。

【黃金葡萄乾】

- 果乾使用前該不該清洗，各有說法。在烘焙這段，我會先將葡萄乾放在篩網下，用溫水沖洗後，馬上瀝乾，葡萄乾顆粒不大不厚，過一下溫水果肉就能展開。未經清洗或是浸泡的葡萄乾使用時，應儘量將葡萄乾壓入麵團中，不要留在表層，可以避免高溫烘焙讓葡萄乾過度乾燥而焦黑並產生苦味。
- 葡萄乾與果乾能夠浸泡在烈酒中，例如蘭姆酒，即使時間較長也不會糜爛。如浸泡在溫水中，超過 30 分鐘，會無法保持果肉的完整。
- 不同的果乾，不同的脫水乾燥方法，不同的水分含量，所使用的回潤方式也會略有不同，經常使用的方法有溫煮、冷泡、浸酒，這三種。

椰棗柑橘司康
DATE AND ORANGE SCONES

溫漬成軟果的椰棗揉入麵團成滋味，
以柑橘甜香橙皮油脂潤浸的椰棗分布其中成特色。
至美的蜜潤風味，閃爍的金色陽光香氣，
椰棗柑橘司康，説盡所有藏在司康中的不止息迷戀。

材料 Ingredients

司康

	材料	份量
	椰棗 A_ 去核加溫成軟果	50g
A	椰棗 B_ 去核切塊	90g
A	新鮮柳橙的橙皮	1 個柳橙
A	細砂糖	15g
B	中筋麵粉	185g
B	泡打粉	1½ 小匙
B	鹽	¼ 小匙
B	薑餅餅乾用綜合香料（可省略）	¼ 小匙
	無鹽奶油（冷藏溫度）	25g
C	全蛋蛋汁（冷藏溫度）	35g
C	全脂鮮奶（冷藏溫度）	85g

司康頂 _ 烘焙前

材料	份量
蛋黃（冷藏溫度）	1 個
清水	數滴
細砂糖	1 小匙

材料重點

- 椰棗除了用步驟中的微波爐加熱軟化方式，也可以改用溫水浸泡，時間約 30 ～ 40 分鐘，經過溫浸的椰棗，原有的甜度會因此而減低。
- 薑餅餅乾用綜合香料，是混合乾燥薑粉、肉桂粉等製成，專門用來製作薑餅的香料，可省略，或是加入 1 小撮的肉桂粉。

份量 & 模具 Quantity & Bakeware

8 ～ 9 個壓模成形的圓形司康（直徑 5 ～ 6 公分圓形壓模）

1 **椰棗 A 加熱成軟果**：將 50 公克去核乾燥椰棗放在篩子上，用流動溫水沖洗後加入 2 ～ 3 大匙熱開水，以微波爐中段功率加熱 3 分鐘，中間取出略微翻拌。直到椰棗吸收大部分水分，完全軟化到可以捏成椰棗泥的軟度後，確實瀝乾水分，切小塊。

2 **拌合材料 A**：將 90 公克的椰棗 B 橫切成較大顆粒，與新鮮柳橙的皮屑和砂糖一起拌合均勻，靜置備用。

TIP：如果椰棗質地特別乾燥，可浸泡在溫水中幾分鐘後撈起瀝乾；浸泡時間不宜過長，以保持椰棗的風味與質地。

3 **材料 B 過篩後加入奶油**：中筋麵粉、泡打粉、鹽、薑餅餅乾用的綜合香料混合與過篩後，加入切小塊的無鹽奶油，用手指將奶油與乾性食材搓成粗砂狀。

TIP：測試：手抓奶油乾粉，緊握後張開手，若奶油乾粉結成團塊，表示完成。

4 **加入 50 公克椰棗 A**：拌合，讓奶油乾粉裹住椰棗。如果軟的椰棗結團，用手與其他食材搓開，盡可能讓椰棗散開。從階段步驟圖中還可以見到塊狀的椰棗。

5 **加入材料 C**：將雞蛋與鮮奶先均勻打散，加入後，用叉子拌合。食材在拌合中會黏合成質地不均勻的、類似麵疙瘩狀的小團塊。

6 **加入以香橙砂糖醃漬的椰棗 B**：混合。

7 **翻與折**：在工作檯上撒手粉（食材份量外），以刮板協助開始麵團翻與折動作。每次折起後，都用手或是刮板將麵團輕輕壓平後再折起。

8 **整形**：麵團經過翻折疊步驟後，輕輕壓平成厚度約 2.0 ～ 2.5 公分的麵餅狀。將刮板先放在麵團上方後再輕壓，能讓麵團表面更平整。

9 **切割**：使用直徑 5 ～ 6 公分圓形壓模，以 90° 角往下壓，切割。剩下的麵團平行收合後，切開疊起後輕輕壓合，再切割，直到用完所有麵團。（如圖 A）

10 **入烤盤**：將完成切割的麵團放入鋪好烘焙紙的烤盤上，中間留下間距。（如圖 B）

11 **頂部刷蛋黃清水液與裝飾**：蛋黃打散後，加入數滴清水再攪拌均勻。將蛋黃液刷在司康頂部，來回刷兩次。在司康頂部撒上砂糖。完成後入爐烘焙。（如圖 C）

TIP：濃稠的蛋黃加入一點點清水稀釋會比較容易刷開。相對的，蛋黃液色澤與亮度也因為加入清水，顏色會比較淡。加入清水越多，烘焙後呈現的色澤越淡。

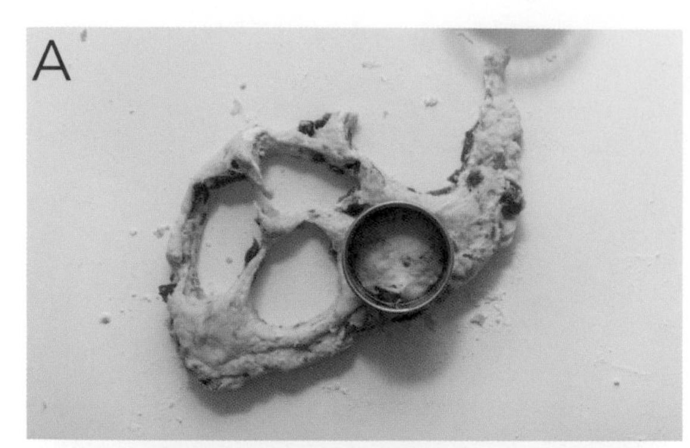
A

B

C

烘焙 Baking

| 烘焙溫度 | 190℃，上下溫。

| 烤盤位置 | 烤箱中層，正中央。

| 烘焙時間 | 16 ～ 18 分鐘，應依照司康的厚度與大小調整烘焙時間。烤至頂部呈現明顯金黃色澤，周邊上色均勻。

| 出爐靜置 | 出爐的司康先留在烤盤上 10 分鐘，再放在網架上冷卻。

寶盒筆記 Notes

椰棗也可以浸泡在冷的新鮮柳橙汁或是烈酒中，如蘭姆酒、君度橙酒、伏特加……（食材份量外），浸泡需要的時間較長，浸泡中翻拌一下。浸泡果汁的椰棗應冷藏保存並在兩天內使用。若浸泡烈酒，酒的高度要蓋過椰棗，裝罐後需冷藏。椰棗浸酒的時間過長，將會失去椰棗原味，取而代之的是烈酒風味。

‖專欄‖ 司康 Story

先抹凝脂奶油還是先抹果醬？
── 英國人為司康的固執與爭執。

在剛剛出爐酥美鬆香的圓圓司康上抹上凝脂奶油與果醬，搭配英國最愛的奶茶，是許多英國人對幸福午茶時光的定義。

最傳統，最經典，從司康的最初一直到司康的現在，英國人還是最愛凝脂奶油與果醬（Clotted cream & Jam）的搭配。

對於司康的執著度，或可從英國人多年來不停的討論與爭執得見一二。

以盛產凝脂奶油而知名的德文郡與康威爾郡（Devon and Cornwall）兩郡的人，為了司康應該先抹上凝脂奶油，還是先抹上果醬，哪個更傳統、更正確的討論，各執己見而爭執不休。

德文郡派堅持，司康上應該先抹凝脂奶油後，再抹上果醬。康威爾郡派認為先抹果醬，才能將果醬先抹勻……。當全英國一起加入討論後，更加一發不可收拾。全國認真的程度甚至讓英國廣播公司 BBC 還為此特別製作相關節目。

曾任職白金漢宮擔任英國女王伊莉莎白的大廚 Chef Darren McGrady 在他所分享的女王的司康食譜中提到，伊莉莎白女王一向都是 "Jam First" 先抹果醬。為了安撫先抹奶油 "Cream First" 一派，他特別示範兩種不同的呈現，可謂用心良苦。

除了「凝脂奶油與果醬的先後順序」之外，司康所引起的論戰還有：

到底司康應不應該搭配奶油享用？

司康應該用手掰開還是用刀切開？

司康中果醬與凝脂奶油的比例？

堅持只能用草莓果醬搭配司康？

司康抹上果醬與凝脂奶油後，疊起來像是三明治的行為，算不算是種缺乏餐桌禮儀的舉動？

關於司康的無數爭執始終沒有結論。只有一個討論議題呈現一面倒的共識：大家都認為，用奶茶漱下司康的吃法，完全失去紳士淑女風範，是絕對 NO-NO 的。

無關傳統與好惡，在每一個有司康作伴，有司康解憂的日子，讓我們都輕鬆的，好好的享受司康，以及司康帶來的撫慰。

杏桃乳酪司康

APRICOT CREAM CHEESE SCONES

乳酪與奶油緊緊懷抱糖漬杏桃的極美，
內蘊的雅緻果香與真美乳脂風味。

材料 Ingredients

司康

杏桃乾（整顆）.. 20 顆
甜味利口酒或是新鮮柳橙汁 .... 2 大匙

A
- 中筋麵粉 125g
- 杏仁磨成的細粉 30g
- 泡打粉 .... 1 小匙
- 烘焙蘇打粉 .... ¼ 小匙
- 鹽 .... ⅛ 小匙

細砂糖 30g
無鹽奶油（冷藏溫度）............................ 35g
奶油乳酪 Cream cheese（冷藏溫度）...... 90g

B
- 全蛋蛋汁（冷藏溫度）............................ 20g
- 蜂蜜 10g
- 香草精 .... 1 小匙
- 全脂鮮奶（冷藏溫度）............................ 15g

司康頂 _ 烘焙前

全蛋蛋汁（冷藏溫度）......................... 2 小匙
杏仁片 .... 1 ～ 2 大匙

份量 & 模具 Quantity & Bakeware

12 ～ 14 個烤圈定型的圓形司康
（直徑 5.0 公分 × 高 2.4 公分圓形烤圈／鳳梨酥烤圈 12 ～ 14 個）

前置作業 Preparations

烤圈的內圈抹薄薄的奶油後滾上砂糖，備用。約需要 2 小匙砂糖（食材份量外）。

加熱完成的狀態

切絲的杏桃乾

1 **杏桃乾泡開與切絲**：整顆乾燥杏桃乾放在篩子上，用流動的溫水沖洗，讓杏桃乾略微展開後，瀝乾水分。再加入甜味利口酒或是新鮮柳橙汁，略微翻動。接著使用微波爐以低功率微溫加熱，以 15 ～ 20 秒為間隔，取出翻拌讓杏桃乾均勻吸收水分，再加熱，反覆操作直到容器中的水分被杏桃乾吸收，杏桃乾完全展開。需等到杏桃乾完全冷卻後再使用。泡開的杏桃留 12 ～ 14 顆作為內餡。秤取 70 公克杏桃，瀝乾水分，切成細絲。

TIP：如果杏桃乾吸收所有水分後，仍然過於乾硬，可再加點水繼續加熱，直到達到滿意的質地。

2 **材料 A 過篩後加入砂糖、奶油：**中筋麵粉、杏仁磨成的細粉、泡打粉、烘焙蘇打粉、鹽混合過篩後，加入細砂糖，再次仔細混合。加入切小塊的無鹽奶油後，用指尖將奶油與乾粉搓合成粗砂狀。

3 **加入奶油乳酪與切絲杏桃**：用叉子拌合均勻。

4 **加入材料 B 拌合**：加入蛋汁、蜂蜜、香草精、鮮奶，用叉子翻拌食材成團塊狀。

5 **翻折疊砌・分割**：以刮板協助進行麵團翻折疊砌動作，讓食材成團。再將麵團分割成 12 個小麵團，每個重約 35 公克。

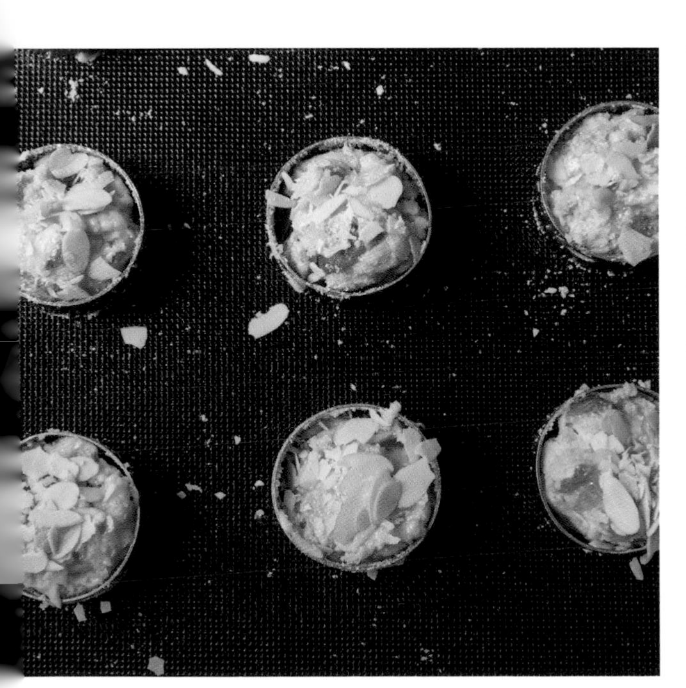

6 **包杏桃餡・入模・頂部裝飾**：每個麵團中包入一顆杏桃後放入準備好的烤圈中，稍微輕壓讓司康底部平坦。完成的司康連烤圈放在鋪好烘焙墊的烤盤上，中間留下間距。頂部刷上蛋汁後，將杏仁片撒在每個司康頂部。完成後入爐烘焙。

烘焙 Baking

| 烘焙溫度 | 200℃，上下溫。

| 烤盤位置 | 烤箱中層，正中央。

| 烘焙時間 | 18 ～ 20 分鐘，應依照司康的厚度與大小調整烘焙時間。烤到頂部呈現明顯金黃色澤，周邊上色均勻。

| 出爐靜置 | 出爐的司康先留在烤盤上 10 分鐘，再挪往網架上，等略微冷卻時，再拆除烤圈。司康底部先用小刀小心劃開司康與烤圈連接的地方，用雙手姆指頂住司康底部，往上推出烤圈，就可順利去除烤圈。

玫瑰蔓越莓司康
CRANBERRY ROSE SCONES

玫瑰提香，蔓越莓微酸，優格給予滋潤；
於是，玫瑰蔓越莓司康擁有清香與淺甜的至美溫潤。

材料 Ingredients

司康

A
- 玫瑰花瓣（乾燥）........ 1 大匙
- 蔓越莓乾 50g
- 細砂糖 40g
- 香草精 .... ½ 小匙

B
- 中筋麵粉 160g
- 泡打粉 .... 1¼ 小匙
- 鹽 .... 1 小撮

- 無鹽奶油（冷藏溫度）....... 35g

C
- 全脂優格（冷藏溫度）....... 70g
- 蛋黃（冷藏溫度）............. 1 個

司康頂 _ 烘焙前
- 全脂優格（冷藏溫度）... 1 小匙
- 玫瑰花瓣（乾燥）........... 適量

份量 & 模具 Quantity & Bakeware

8 個壓模成形的圓形司康
（直徑 5 ～ 6 公分圓形壓模）

材料重點

蔓越莓使用前應用流動的溫水沖洗，讓蔓越莓展開，並用剪刀將太大片的蔓越莓乾剪碎，確實瀝乾或是用廚房紙巾確實擦乾後才使用。沒有泡開的蔓越莓在烘焙時會吸收麵粉中的水分，口感會比較乾；留在司康表面乾燥的蔓越莓，容易在高溫烘焙後變得焦黑而有苦味

製作步驟 Directions

1 **混合材料 A，製成玫瑰蔓越莓砂糖：**將玫瑰花瓣、蔓越莓乾、砂糖、香草精，略微拌合（如圖 A）。

2 **材料 B 混合過篩後加入奶油：**中筋麵粉、泡打粉、鹽先混合後再過篩，接著加入切成小塊的無鹽奶油，使用指尖將奶油與乾粉搓合成粗砂狀。

3 **拌入材料 C：**加入優格與蛋黃後，用叉子略微拌合。（如圖 B）

4 **拌入玫瑰蔓越莓砂糖：**用叉子略微拌合，完成時所有食材成為類似麵疙瘩的團塊狀。（如圖 C、D）

5 **翻折．整形．切割：**使用刮板，將略微壓平的麵團翻折再翻折，整形成厚度約 2.0 ～ 2.5 公分的麵餅狀。使用直徑 5 ～ 6 公分圓形壓模切割。剩下的麵團平行收合後，切開疊起後輕輕壓合，再切割，直到用完所有麵團，約可製作 8 個圓形司康。沒有壓模時用刀切塊也可以。完成後放在鋪好烘焙紙的烤盤上，中間保留間距。（如圖 E）

6 **冷凍司康 15 分鐘：**整個烤盤進冰箱冷凍 15 分鐘。冷藏需要約 30 ～ 40 分鐘。

TIP：此款司康食材的油脂比較低，操作中奶油與優格容易升溫，冷凍步驟可以幫助司康定型。不經過冷凍冷藏步驟，直接烘焙也可以，司康比較容易歪歪倒倒的，外型不影響滋味。

7 **頂部刷優格：**在司康頂部刷兩次優格，第一次稍薄，第二次略厚。

8 **裝飾玫瑰花瓣：**玫瑰花瓣先浸入微溫的溫水，讓花瓣展開後，馬上撈起瀝乾，鋪在司康上作為裝飾。完成後入爐烘焙。（如圖 F）

TIP：建議選用有機的玫瑰花瓣，可以不用沖洗；如果用溫水泡，花瓣一浸水就要撈起瀝乾。水溫過高、浸泡時間長，都會讓玫瑰花散失花香。

烘焙 Baking

| 烘焙溫度 | 200℃，上下溫。

| 烤盤位置 | 烤箱中層，正中央。

| 烘焙時間 | 18 ～ 20 分鐘，應依照司康的厚度與大小調整烘焙時間。烤到頂部呈現明顯金黃色澤，周邊上色均勻。

| 出爐靜置 | 出爐的司康先留在烤盤上 10 分鐘，再放在網架上冷卻。

寶盒筆記 Notes

若希望省略蛋黃，可以將優格的份量從 70 公克調整為 85 ～ 90 公克。省略蛋黃的玫瑰蔓越莓司康，司康組織質地較粗、色澤比較淡、香氣略淺，且酥鬆口感略微遜色。

純素飲食者，可用等量乳瑪琳取代奶油，豆漿優格取代乳製品優格。

玫瑰蔓越莓司康的甜度低，食用時可搭配乳酪與果醬，或乳酪與蜂蜜，或是淋上楓糖都非常合適。

‖專 欄‖ 果乾的前置處理

杏桃乾、椰棗、葡萄乾等果乾，在使用前應該先將果乾浸入清水、烈酒、果汁、糖漿……中，讓果乾回復潤澤。這個步驟有助於：

1. 讓果乾再次散發原有果實香氣。
2. 加入果乾的麵團或是麵糊，即使經過烘焙，也能保持果乾的自然滋潤與甘甜。
3. 浸潤過的果乾不會吸取麵團或是麵糊中的水分，而導致糕點質地粗糙，口感乾澀。
4. 留在外緣與表層的果乾，經過高溫烘焙也能保持果乾的好味道。

市售果乾的乾燥程度略有不同，某些果乾為了延長保存期限，會讓原水分含量 80% 的水果經過乾燥後降低到只有 15% 左右；水分含量低的果乾無法散發果實的原風味，甜度較高，口感較硬，會影響成品整體味道與口感上的均衡。

回復水分的果乾，有原果實風味與果乾的實果感；未經回潤動作的果乾，只有果乾的口感。可以試著比較看看經過與未經前置處理的果乾在糕點中的味道。

讓果乾回潤的方式

不同的果乾，不同的脫水乾燥方法，不同的水分含量，所使用的回潤方式也略有不同，經常使用的方法有溫煮、冷泡、浸酒這三種。讓果乾回潤的方法中，溫煮最快，冷泡次之，浸酒需要的時間較長。

• 溫煮回潤的方法：

① 直火加熱：在小鍋中，加入果乾後，加入幾乎蓋過果乾的新鮮果汁或清水，中小火加熱約 3 ～ 5 分鐘，加熱中應略微拌合，讓果乾能均勻受熱。果乾軟化並展開後，撈起瀝乾水分。

② 直火加熱後燜：方式同①，不同的地方是，加入的水分只需要果乾的一半，加熱到起小泡泡後立即熄火，不需沸騰，加蓋靜置，讓果乾吸收水分直到果乾展開，如有殘留的水分，應瀝乾再使用。

③ 微波爐加熱：準備一個適合用於微波爐加熱的小碗，果乾中加入少量的液態食材（清水、果汁、酒精飲品都可以），蓋上保鮮膜，以低功率 30 秒間隔加熱後拌勻，重複加熱與拌勻，直到果乾達到理想狀態。果乾太乾，就補充水分；果乾沒有完全展開，就拉長微波加熱時間。一般顆粒較小的果乾，如葡萄乾，只需要 1 分鐘。果乾的顆粒較大，如無花果，約需要 2 ～ 3 分鐘的時間。

溫煮的速度快，果乾經過溫煮，如使用清水，果乾甜度會降低，果乾色澤會變得比較淺。

• 冷泡回潤的方法：

直接將果乾浸泡在冷開水中直到達到展開的程度。果乾大小與濕潤度不同，應依照果乾實際狀態調整浸泡的時間。浸泡的時間過長會影響果乾的外型與味道，完成浸泡的果乾如非當日使用完畢，應冷藏保存，不宜留在室溫的時間過長。

• 浸酒回潤的方法：

使用消毒過的有蓋玻璃瓶，先加入果乾後，再倒入烈酒，例如蘭姆酒，酒應蓋過果乾，加蓋後冷藏保存約需兩天就能使用。浸泡烈酒中的果乾，即使浸泡較長的時間，外觀上依然保持完整。唯一受影響的是果乾的味道，浸泡在烈酒中的時間越長，果乾的烈酒味就越明顯。擁有烈酒風味的果乾，能賦予司康與其他糕點特殊風味層次。

CHAPTER

4

在愛裡，複習司康

茶粉

•

巧克力風味

碎栗子抹茶司康

CHOPPED CHESTNUT MATCHA SCONES

散碎剝落的栗子和著抹茶，
茶香裡暖著栗仁香，栗子泥中揉進茶香，
一聚一合，自成繫心的迴盪之最。

材料 Ingredients

司康

甘栗仁（用刀面壓碎）.................. 125g

A
- 中筋麵粉 170g
- 日式烘焙用抹茶粉 8g
- 泡打粉 .... 1¾ 小匙
- 鹽 .... ⅛ 小匙

細砂糖 40g

無鹽奶油（冷藏溫度）.................... 50g

B
- 全蛋蛋汁（冷藏溫度）.................... 50g
- 動物鮮奶油 35%（冷藏溫度）........ 110g

司康頂 _ 烘焙前

蛋黃（冷藏溫度）........................... 1 個

珍珠糖 .... 適量

份量 & 模具 Quantity & Bakeware

9 ～ 10 個壓模成形的圓形司康（直徑 5 ～ 6 公分圓形壓模）

1 **壓碎甘栗仁**：甘栗仁用刀面壓成大小不均的碎粒。不必壓得過碎，完成的司康能看得到碎栗子塊也能品嚐得出栗子的滋味。材料中的甘栗仁份量是不帶殼的果實淨重。

2 **材料 A 過篩後加入細砂糖**：中筋麵粉、抹茶粉、泡打粉、鹽混合過篩後，加入細砂糖後再次混合均勻。

TIP：抹茶粉容易吸收潮氣而結小塊，可先用細孔篩網過篩後，再加入其他的乾性食材後再過篩，可避免在烘焙後在司康上留下深色茶粉斑點。

3 **加入奶油**：加入維持在冷藏溫度的無鹽奶油。

4 **手搓奶油**：用指尖將無鹽奶油與乾粉搓合成粗砂狀。

5 **加入壓碎的栗子**：放入步驟 1 中備用的碎甘栗仁。

6 **拌合甘栗仁**：用叉子拌合成團。

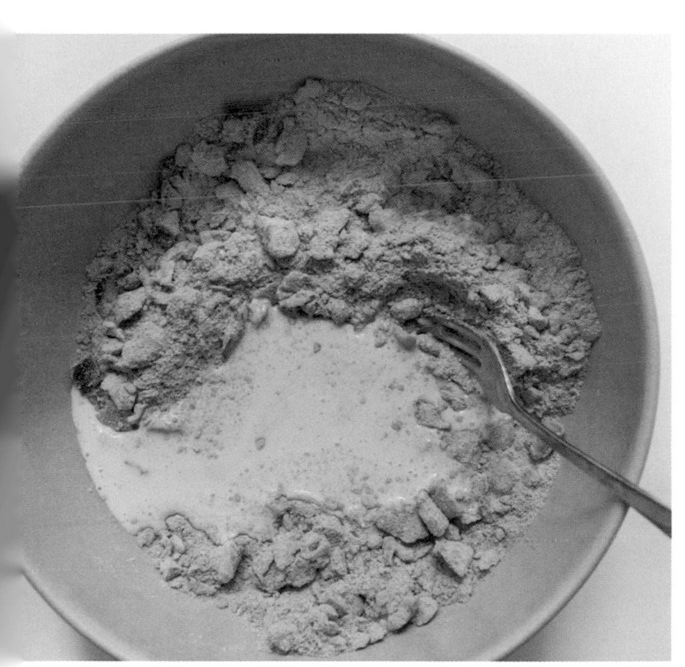

7 **加入材料 B**：加入蛋汁與鮮奶油，用叉子將液態食材略微拌合。

8 **混合乾溼食材**：換刮板輕輕翻壓，讓乾濕食材混合。

9 **翻折與疊砌**：在工作檯上，以刮板協助進行麵團翻折疊砌動作，這個食譜的麵團略微黏手，可使用少許麵粉作為手粉。將經過翻折後的麵團，輕輕平壓成厚度約 2.5 ～ 2.7 公分的厚餅狀。

10 **整形・切割**：使用直徑 5 ～ 6 公分圓形壓模切割。重複翻疊與切割動作直到完成。

TIP：準備一小碗的中筋麵粉，使用壓模前先壓入麵粉中，切割前應抖落壓模上多餘的麵粉後再切割。每次切割完確實清潔壓模，就能讓每個司康都有漂亮的切割面。

11 **放入烤盤**：將切割完成的司康放入鋪好烘焙紙的烤盤上，中間留下間距。

12 **頂部刷蛋黃與裝飾**：蛋黃先打散，刷在司康頂部，刷勻。再將珍珠糖撒在司康頂部。完成後入爐烘焙。

烘焙 Baking

| 烘焙溫度與時間 | 第一段 200℃，5 分鐘，上下溫。
第二段 220℃，15 ～ 17 分鐘。
應依照司康的厚度與大小調整烘焙時間。烤到頂部呈現明顯金黃色澤，周邊上色均勻。

| 烤盤位置 | 烤箱中層，正中央。

| 出爐靜置 | 出爐的司康先留在烤盤上 10 分鐘，再放在網架上冷卻。

寶盒筆記 Notes

碎栗子抹茶司康所使用的甘栗仁是市售已經去殼的栗子仁，可熟食。當然可用新鮮栗子經水煮或是烘烤後取果仁使用。

【烘焙用抹茶粉】

- 烘焙專用的日式抹茶粉與綠茶粉不同。烘焙用的抹茶粉較能耐烘焙高溫，烘焙後保持淡雅的綠茶滋味，不苦不澀，擁有甘潤的後韻。
- 烘焙用的抹茶粉屬烘焙專用，與一般製作飲品所用的抹茶粉不同。抹茶粉一旦開封，容易吸收濕氣與環境中的氣味，會開始氧化，並有抹茶粉結塊的現象。將抹茶粉留在常溫環境中的時間越長，抹茶的茶香會越淡，抹茶的色澤也會從綠轉為黃綠或橄欖綠色。
- 已經開封的抹茶粉應放在可密封的容器中低溫保存，並盡可能在短時間內用完，才能享受上乘抹茶的上乘茶香。

碎栗子抹茶司康提高抹茶粉比例，讓司康的抹茶風味更為顯著，搭配甘栗仁也甘也甜的豐厚果實，濃郁與雅緻兼具，尤其迷人，是每個抹茶與栗子迷絕難抗拒的風味司康。

碎栗子抹茶司康的烘焙採用兩段式烘焙，後段的高溫讓司康長高與蓬鬆，烘焙溫度不足時，烘焙時間會因此加長，司康的外型會比較平扁，或成「工字形」頂窄底寬的司康。外型並不影響司康的好滋味。

司康頂部刷上蛋黃，可增加司康風味，經高溫烘焙，梅納反應較為明顯，色澤比較趨向橄欖綠。頂部刷鮮奶或優格時，烘焙後上色較淺。刷蛋白可讓司康在烘焙後頂部有光面效果。

抹茶栗子司康

MATCHA AND CHESTNUT SCONES

午後的茶，午後的書，午後的抹茶栗子司康；
茶香伴著栗子香，正好把一點點慵懶浸泡在悠閒的午後時光裡。

材料 Ingredients

司康

A
- 中筋麵粉 150g
- 日式烘焙用抹茶粉 .... 2 小匙
- 泡打粉 .... 1½ 小匙
- 鹽 .... 1 小撮

- 細砂糖 30g
- 無鹽奶油（冷藏溫度）.............. 40g
- 杏仁片 10g

B
- 全蛋蛋汁（冷藏溫度）.............. 20g
- 動物鮮奶油 35%（冷藏溫度）.... 60g

- 甘栗仁（熟食）............... 8 ～ 10 顆

司康頂 _ 烘焙前

- 剩下的司康麵團 ... 約半個司康麵團
- 杏仁片 .... 2 小匙
- 紅糖 .... 2 小匙

份量 & 模具 Quantity & Bakeware

8 個烤圈定型的圓形司康
（直徑 5.0 公分 × 高 2.4 公分圓形烤圈／鳳梨酥烤圈 8 個）

前置作業 Preparations

烤圈的內圈抹薄薄的奶油後滾上紅糖，讓烤圈內圈沾上粗粒紅糖，備用。約需要 2 小匙粗粒紅糖（食材份量外）。以粗粒的白砂糖替換也可以。

製作步驟 Directions

1 **材料 A 過篩後加入細砂糖**：中筋麵粉、抹茶粉、泡打粉、鹽混合過篩後，加入細砂糖，再次仔細混合。

2 **手搓奶油後加入杏仁片**：加入切小塊的無鹽奶油後，用指尖將奶油與乾粉搓合成粗砂狀，再加入杏仁片略微混合。（如圖 A）

3 **加入材料 B**：加入蛋汁、鮮奶油後，用叉子將液態食材略微拌合，再翻拌所有食材成團塊狀。（如圖 B、C）

4 **翻折與疊砌**：以刮板協助進行麵團翻折疊砌動作，讓食材成團。

5 **分割 · 包入甘栗仁**：分割為 35 公克的麵團 8 個（剩下約 15 ～ 20 公克的司康麵團留作裝飾用），每個麵團中包入一個甘栗仁後放入沾好紅糖的烤圈中，稍微輕壓讓司康底部平坦。完成的司康連烤圈放在鋪好烘焙紙的烤盤上，中間留下間距。

6 **頂部裝飾抹茶酥頂**：先將剩下的司康麵團搓散成碎片，撒在每個司康頂部，最後撒上杏仁片與紅糖。完成後入爐烘焙。（如圖 D）

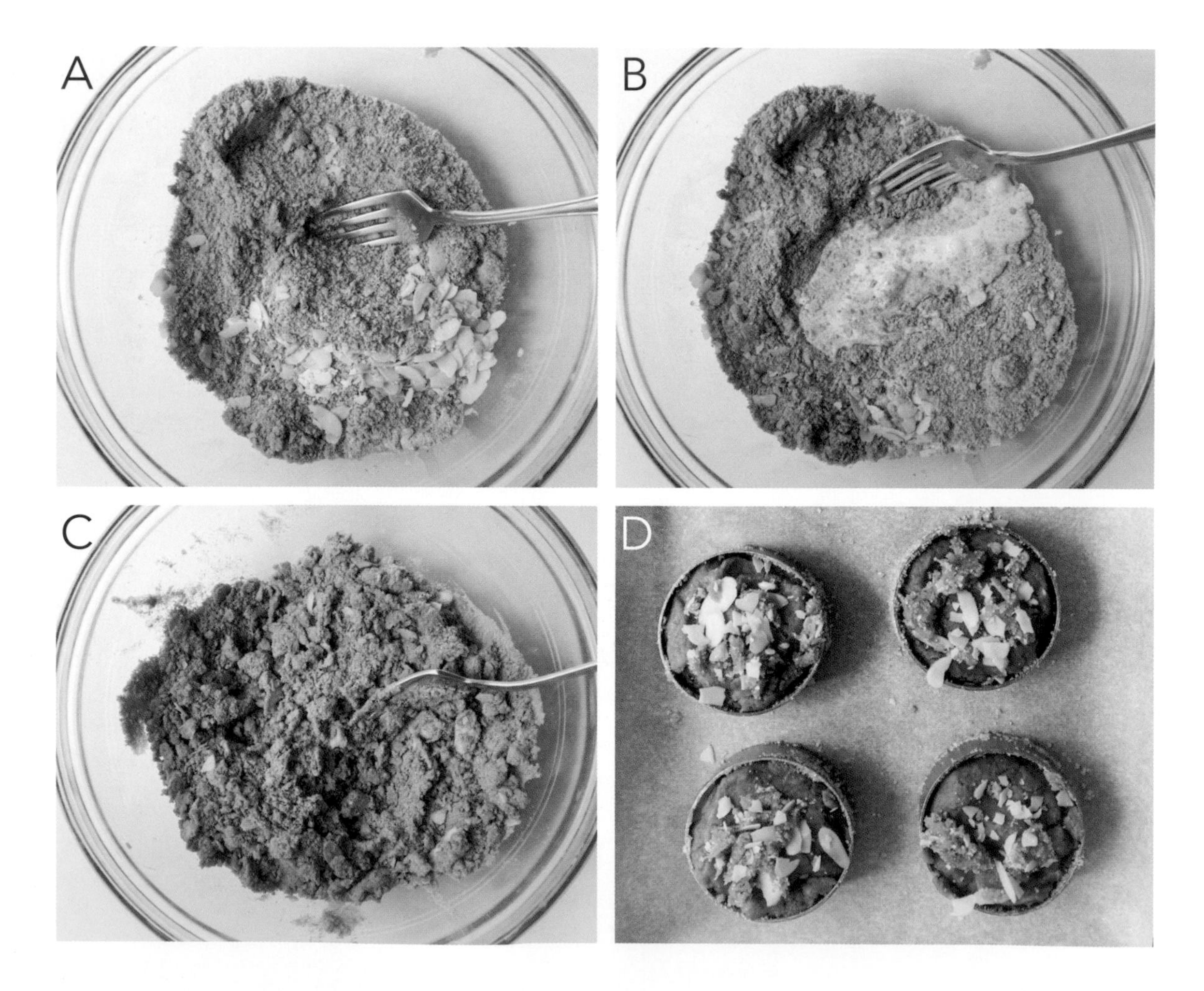

烘焙 Baking

| 烘焙溫度 | 200℃，上下溫。
| 烤盤位置 | 烤箱中層，正中央。
| 烘焙時間 | 18 ～ 20 分鐘，應依照司康的厚度與大小調整烘焙時間。烤到頂部呈現明顯金黃色澤，周邊上色均勻。
| 出爐靜置 | 出爐的司康先留在烤盤上 10 分鐘，再挪往網架上，等略微冷卻時拆除烤圈。
| 拆除烤圈 | 司康底部先用小刀小心劃開司康與烤圈連接的地方，用雙手姆指頂住司康底部，往上推出烤圈，就可順利去除烤圈。

寶盒筆記 Notes

抹茶栗子司康適合新鮮享受，溫熱時的美味程度，尤讓人折心。

軟而糯的甘栗仁，栗子香氣與風味更佳。甘栗仁是栗子的果仁；市售甘栗仁已去殼，可熟食。如果所購的甘栗仁質地較硬，使用前可以用電鍋蒸一下。如用水煮方式，因甘栗仁已經去殼，容易讓栗子流失應有的甘甜味。

粗顆粒的紅糖烘焙後不會完全融化，帶著喀嚓的糖脆口感是這款司康的特色之一。

選用的抹茶粉的品牌與品質，烘焙溫度與烘焙時間，都會影響成品的色澤。

不使用烤圈也可用壓模或是切割方式製作抹茶栗子司康。使用烤圈能幫助定型，讓司康在烘焙時只保留向上膨高的空間，而達到線條整齊的抹茶酥餅外型。

伯爵杏仁司康

EARL GREY & ALMOND SCONES

香氣與風味同時爆發，伯爵茶獨有的佛手柑香氣結合純美杏仁芳香，
嚮往的含蓄滋味聚集在每個野性裂口裡。

材料 Ingredients

司康

伯爵茶茶包 .... 2 個
全脂鮮奶 50g
動物鮮奶油 35%（冷藏溫度）.......... 50g
A | 中筋麵粉 155g
A | 泡打粉 .... 1½ 小匙
A | 鹽 .... ¼ 小匙
杏仁磨成的細粉 30g
深色紅糖 Dark brown sugar 30g
無鹽奶油（冷藏溫度）..................... 30g
蛋黃（冷藏溫度）........................... 1 個

司康頂 _ 烘焙前

蛋黃（冷藏溫度）........................... 半個
杏仁角 20g
糖粉 .... 適量

份量 & 模具 Quantity & Bakeware

7 ～ 8 個壓模成形的圓形司康
（直徑 5 ～ 6 公分圓形壓模）

製作步驟 Directions

1 **製作伯爵奶茶**：以中小火加熱鮮奶，當邊緣開始冒泡泡、還沒有沸騰前，馬上離火。加入 2 包伯爵茶茶包（一包剪開倒出茶末，一包不剪），浸泡 5 分鐘。再倒入冷藏的動物鮮奶油，並將未剪開的茶包撈起擠乾後拋棄。（如圖 A）
TIP：鮮奶加熱到完全沸騰前就離火，並放入茶包。避免持續加熱，鮮奶會結奶膜也會揮發，之後的奶茶份量會不足。加入冷藏溫度的動物鮮奶油能幫助伯爵奶茶降溫，使用前需確認奶茶已經完全冷卻。

2 **材料 A 過篩後加入杏仁粉與紅糖**：中筋麵粉、泡打粉、鹽混合過篩後，加入杏仁粉與紅糖，再次仔細混合。（如圖 B）
TIP：杏仁磨成的細粉與紅糖的顆粒比較粗，過篩較難。先將其他乾性食材完成過篩，加入後再仔細混合。

3 **手搓奶油**：加入切小塊的無鹽奶油後，將奶油與乾性食材用手搓成粗砂狀。（如圖 C）

4 **加入液態食材**：加入蛋黃與伯爵奶茶，使用叉子拌合所有食材，司康麵團會呈現大小散落、質地不均勻的團塊。（如圖 D）

5 **翻折・整形・切割**：麵團經過翻折步驟後，輕輕平壓成麵餅狀，厚度約為 2.0 ～ 2.5 公分，使用直徑 5 ～ 6 公分圓形壓模切割成塊。平行收合剩下的麵團，切開疊起後將麵團輕輕壓合，再切割，直到用完所有麵團。放入鋪好烘焙紙的烤盤上，中間留下間距。（如圖 E）

6 **頂部刷蛋黃與裝飾**：在司康頂部刷上蛋黃液後，壓入裝著杏仁角的容器中，讓頂部裹上杏仁角，再稍微輕壓，幫助杏仁角固定，最後撒上糖粉。完成後入爐烘焙。（如圖 F）

烘焙 Baking

| **烘焙溫度** | 200℃，上下溫。
| **烤盤位置** | 烤箱中層，正中央。
| **烘焙時間** | 15 ～ 17 分鐘，應依照司康的厚度與大小調整烘焙時間。烤到頂部呈現明顯金黃色澤，周邊上色均勻。
| **出爐靜置** | 出爐的司康先留在烤盤上 10 分鐘，再放在網架上冷卻。

寶盒筆記 Notes

【伯爵茶】

- 伯爵奶茶是以溫熱鮮奶浸泡伯爵茶再加入動物鮮奶油製作，司康的色澤偏向深咖啡色。
- 伯爵茶擁有佛手柑的自然芳香，單一享受伯爵茶香，已經非常美味。如果加入檸檬皮屑，會削減伯爵茶的茶香。從另一方面來看，對於不是非常喜歡伯爵茶的人來說，加入檸檬皮同時也是中和強烈茶香的一種作法。
- 除了使用伯爵茶，也可以用其他紅茶取代。茶葉不同，風味不同。

【杏仁】

- 杏仁角也可用其他切碎的堅果粒取代。在司康主體中使用了杏仁粉，如果替換杏仁角，建議同時替換堅果細粉。
- 使用堅果前，檢查堅果的色澤與味道。當果仁與果仁粉色澤成深褐色或是發黑，有油耗味與麻苦味，就表示堅果已經變質，不宜再食用。
- 堅果一旦被磨成細粉後，保存期會減短，應該盡快使用完畢。堅果粉密封包裝後，以冷凍保存方式，能夠略微延長保鮮期。

士力架花生巧克力司康

SNICKERS SCONES

在爆炸的同時，瘋狂；在瘋狂的同時，愛不釋手。
一式一樣同步征服大朋友與小朋友。

材料 Ingredients

司康

士力架花生巧克力糖（切小丁塊）..... 100g（2 條）

A
- 中筋麵粉 160g
- 泡打粉 .... 1 小匙
- 鹽 .... ¼ 小匙
- 細砂糖 10g

無鹽奶油（冷藏溫度）........ 45g

B
- 全蛋蛋汁（冷藏溫度）........ 30g
- 全脂鮮奶（冷藏溫度）........ 85g

司康頂 _ 烘焙前

全蛋蛋汁（冷藏溫度）........ 1 ～ 2 小匙

士力架花生巧克力糖（切片）............ 25g（半條）

份量 Quantity

6 個切割成形的三角形司康

1 **花生巧克力糖裹麵粉**：士力架花生巧克力糖切成小丁塊後，加入 1 大匙的中筋麵粉拌合，讓麵粉裹住巧克力糖，拌入麵團時，切開的巧克力糖就不會黏在一起，分布得更均勻。

2 **材料 A 過篩後加入奶油搓合**：中筋麵粉、泡打粉、鹽、細砂糖混合再過篩後，加入切小塊的無鹽奶油。使用指尖將奶油與乾粉搓合成粗砂狀。不均勻、還見到小奶油塊也沒有關係。

3 **加入裹麵粉的花生巧克力糖拌合**：略微拌合。

4 **加入材料 B 後拌合**：加入蛋汁與鮮奶，用叉子略拌合到乾濕食材成團。

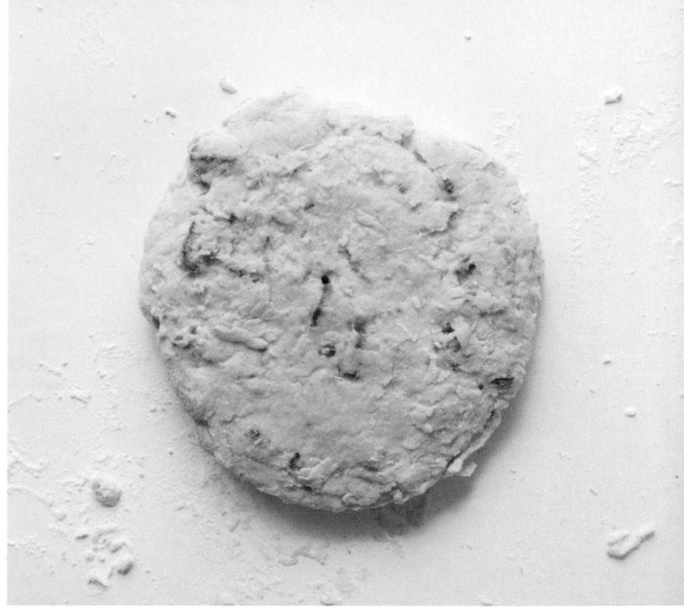

5 **麵團在翻與折前的狀態**：工作檯上先撒少許手粉，將經過叉子拌合的麵團倒在工作檯上。這裡可以清楚看見麵團的質地呈現不均勻的團塊狀，而在翻與折的操作中麵團會結合得更好。

6 **翻折・整形**：用手先將麵團輕輕壓平，使用刮板協助進行麵團翻與折動作。將麵團整形成直徑約 15 公分的圓餅狀，輕輕壓平。

7 **切割**：用刀先切 1 字，再切 X 字，切＊狀，成 6 塊司康。放入鋪好烘焙紙的烤盤上，中間留下間距。

TIP：氣溫高室溫高的時候，麵團中的奶油軟化，切割好的司康塊較軟並容易變形，將司康從工作檯上移到烤盤時可借助刮板輔助。

8 **頂部刷全蛋液與裝飾**：在司康頂部刷上蛋汁，薄而均勻，可以刷兩次。再將切片的巧克力糖平放在司康上。完成後入爐烘焙。

烘焙 Baking

| 烘焙溫度 | 210℃，上下溫。

| 烤盤位置 | 烤箱中層，正中央。

| 烘焙時間 | 14 ～ 16 分鐘，應依照司康的厚度與大小調整烘焙時間。烤到頂部呈現明顯金黃色澤，周邊上色均勻。

| 出爐靜置 | 出爐的司康先留在烤盤上 10 分鐘，再放在網架上冷卻。

寶盒筆記 Notes

除了士力架花生巧克力糖，也可使用其他類似的巧克力棒。如果所選擇的巧克力糖的內餡中有焦糖或太妃糖，記得先撒上一點麵粉，讓巧克力塊分開，糖塊才不會聚集在麵團某部分中而不均勻。

巧克力片太多太大太重，都會影響司康膨脹長高。

如希望用壓模切割，需將巧克力糖切得更小一點，減低壓模切割的困難度。

司康烘焙時，麵團中包裹的巧克力與太妃糖受熱融化是正常的現象。

烘焙後，頂部的巧克力糖會融化攤平，在糖片的周圍會有明顯的裂痕，是由於司康麵團中泡打粉受熱後產生作用的結果。其他單放在司康表面作為裝飾，如巧克力、鮮蔬果、堅果、顆粒較大的果乾……都會讓司康頂部有明顯的裂口。如果將風味食材切得小一點並混入麵團的話就可以避免。司康的裂痕不影響司康的風味，可以不必太過在意。

烘焙後，巧克力會融化，且頂部有明顯裂口。

‖專 欄‖ 司康頂部的刷液差異

司康入爐烘焙前，刷在司康頂部的液態食材，大致上可分為三種：
①全蛋或蛋黃 ②混合雞蛋的 ③不含雞蛋的。

為司康刷上蛋奶液可以：
- 給予司康或是質樸或是華麗的外觀。
- 為司康增添風味。
- 幫助司康上色。
- 帶給司康滋潤度讓質地柔軟。

① 全蛋或蛋黃刷液

歐洲糕點師偏愛使用雞蛋刷液，特別是蛋黃。雞蛋擁有特優風味：蛋黃能讓糕點擁有金色光澤與蛋黃特有的香氣，蛋白能增加清亮的光澤。由於蛋黃的濃稠質地，多半會加入微量的清水或鮮奶稀釋蛋黃，讓操作比較容易些。

② 混合雞蛋的刷液

乳製品，例如鮮奶、優格、酸奶油（Sour cream）、白脫牛奶（Buttermilk）、動物鮮奶油等，可直接使用，或者和全蛋蛋汁或和蛋黃，混合後作為刷蛋液使用。乳製品混合雞蛋，會比單純使用乳製品讓司康頂部更容易上色。

司康頂部刷鮮奶等乳製品，是因為乳製品中的氨基酸與醣分能夠在烘焙高溫中產生梅納反應（Maillard reaction），促進司康產生褐變而上色，進而讓司康同時擁有「開胃金色」與「焦糖風味」兩種風味元素。

③ 不含雞蛋的刷液

不希望使用雞蛋與乳製品時，可以刷植物油或清水。植物油會帶給司康外殼光澤，清水能夠讓司康外殼保持柔軟度。

完全不刷任何液態食材的司康，經過烘焙後，司康頂部呈現蒼白的淺烘焙色澤（雖然司康底部已是深褐色的），在香氣上也略遜於刷過液態食材才烘焙的司康。

總的來說，刷蛋黃，烘焙後無論顯色、光澤度、風味都是最好的。刷鮮奶，烘焙後的上色程度比蛋黃差，有質樸的外觀，但因為鮮奶的水分較高，能夠讓司康保持比較長時間的滋潤感。

刷蛋汁或是刷鮮奶，看起來雖是個容易被忽略，並不特殊，也無技術層面可言的簡易步驟，卻在比較「刷與不刷？」、「刷哪一種？」以及「怎麼刷？」之後，瞭解到即使是細微而易於忽略的工序中，也隱藏著讓司康更具風味層次的要領。

刷上蛋黃液的蛋黃酥胡桃司康表面，帶有美麗的金黃色澤。

花生醬司康與黑巧克力片

PEANUT BUTTER SCONES WITH DARK CHOCOLATE CHUNK

花生醬，屬於孩童記憶中的一段；
黑巧克力，苦中的甘美只在成熟後才懂；
其實還是孩子的成年人在花生醬與黑巧克力組合裡，
同時複習童稚與驕縱。

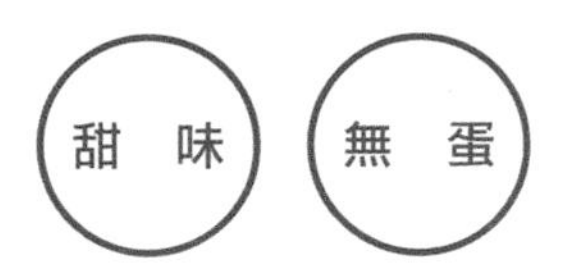

材料 Ingredients

司康

	材料	份量
A	中筋麵粉	150g
A	泡打粉	1½ 小匙
A	烘焙蘇打粉	⅛ 小匙
A	鹽	⅛ 小匙
A	細砂糖	40g
	無鹽奶油（冷藏溫度）	50g
	花生醬	80g
B	香草精	1 小匙
B	動物鮮奶油 35%（冷藏溫度）	50g

司康頂 _ 烘焙前

動物鮮奶油 35%（冷藏溫度）...... 1 ～ 2 小匙
苦味黑巧克力片 .... 20 ～ 30g

司康頂 _ 烘焙後（可省略）

糖粉 .... 適量

份量 Quantity

8 個切割成形的三角形司康

製作步驟 Directions

1 **材料 A 過篩**：中筋麵粉、泡打粉、烘焙蘇打粉、鹽、細砂糖混合再過篩。

2 **手搓奶油**：加入切成小塊的無鹽奶油，使用指尖將奶油與乾粉搓合成粗砂狀。完成的狀態不均勻，還見到小奶油塊也沒有關係。（如圖 A）

3 **加入花生醬**：用手將花生醬與其他食材一起搓合均勻。（如圖 B、C）

4 **加入材料 B**：香草精與動物鮮奶油混合均勻後加入，用叉子略微拌合。（如圖 D、E）

5 **翻折・整形**：工作檯上撒少許手粉，用手先將麵團輕輕壓平，使用刮板協助進行麵團翻與折動作。將麵團整形成直徑約 15 公分的圓餅狀，輕輕壓平。

6 **分割**：用刀切米字，將麵團均切成 8 塊。移放入鋪好烘焙紙的烤盤上，中間留下間距。

TIP：先切十字，刀轉 45°，再切十字，即成米字。切割用的刀面清潔，就能切出擁有漂亮切面的司康。

7 **頂部裝飾巧克力**：巧克力片用手掰斷成銅板大小後，插入司康頂部中間。再刷上動物鮮奶油，薄而均勻，可以刷兩次。完成後入爐烘焙。（如圖 F）

TIP：插入的巧克力在烘焙後會軟化攤平。

烘焙 Baking

烘焙溫度	200℃，上下溫。
烤盤位置	烤箱中層，正中央。
烘焙時間	16 ～ 18 分鐘，應依照司康的厚度與大小調整烘焙時間。烤到頂部呈現明顯金黃色澤，周邊上色均勻。
出爐靜置	出爐的司康先留在烤盤上 10 分鐘，再放在網架上冷卻。
烘焙後裝飾	司康靜置冷卻後，撒上糖粉作為裝飾。

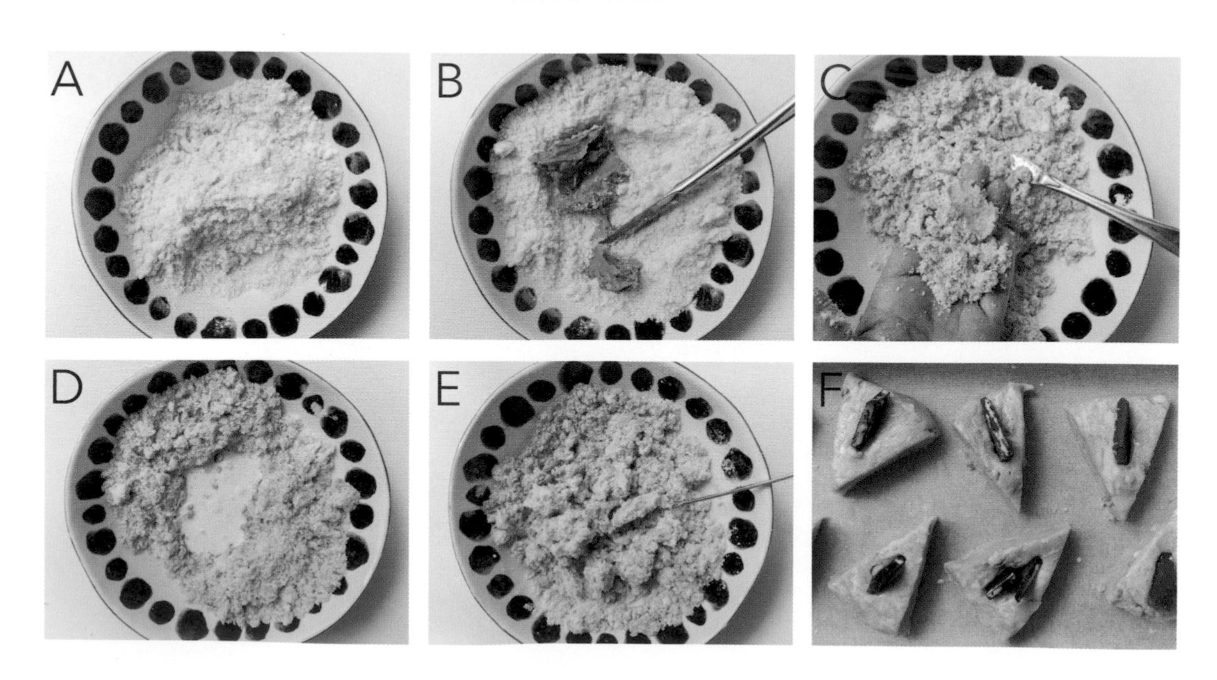

寶盒筆記 Notes

烘焙的時間應依照司康的厚薄與大小調整。因食材中使用泡打粉與烘焙蘇打粉，司康間距應至少有兩指寬，才不會在烘焙中司康膨脹時緊黏在一起。如果司康緊貼，司康間比較難烘焙透，烘焙時間因此需要拉長。

當司康緊貼在一起的時候，可以在烘焙結束前 5 分鐘，等司康定型後，用小刀劃開黏合的地方，讓烘焙熱氣能夠循環與流動，這樣就不需要拉長烘焙時間。

有無顆粒的花生醬都可製作花生醬司康，依個人飲食喜好選擇。食譜中所使用的是帶顆粒的花生醬，咀嚼時有花生香與顆粒感。如果使用壓模切割，建議使用無顆粒的花生醬。

【司康的切割】

- 司康造型隨意。也可使用壓模切割製作。用刀切割的切割面會比使用塑膠刮板的線條更俐落，刀面保持乾淨，刀口以 90° 直下直上，越能擁有均衡漂亮的切面。
- 使用切割的方式製作司康，只需在折疊後整形成圓或長形麵餅狀就可進行切割，比較起來，麵團的操作次數較少，操作上較為簡單。當使用壓模切割時，由於重複切割後必須收合麵團後再次折疊，麵團容易因過度操作而造成麵粉出筋，重新揉合的麵團收合手法錯誤時，麵團因層次混亂而導致司康外型歪倒，司康上方有時會有不均衡的裂口。
- 蛋糕式的米字切割方式，麵團層次相同，切割前麵團頂部已經整形平整，裂口只會出現在切割處司康的側面。

香蕉巧克力核桃司康

BANANA CHOCOLATE-CHIP WALNUT SCONES

香蕉 + 巧克力 + 核桃，最強的陣容，最愛的滋味。
以香蕉的天然蕉甜替代砂糖，以香蕉的純美蕉香為主香料。

材料 Ingredients

司康

	材料	份量
A	中筋麵粉	160g
A	泡打粉	1½ 小匙
A	鹽	⅛ 小匙
	無鹽奶油（冷藏溫度）	30g
	香蕉（切小塊）	100g
	巧克力碎或巧克力豆豆	50g
	核桃碎	20g
B	蛋黃（冷藏溫度）	1 個
B	動物鮮奶油 35%（冷藏溫度）	50g

司康頂 _ 烘焙前

- 蛋黃（冷藏溫度）…… ½ 小匙
- 動物鮮奶油 35%（冷藏溫度）…… 1 小匙
- 粗糖粒 …… 適量

份量 Quantity

8 個切割成形的長方形司康

材料重點

- 香蕉的熟度越高，甜度越高，香氣越明顯。
- 核桃可用其他堅果取代。或是完全省略。
- 蛋黃若希望省略，可將動物鮮奶油的份量 50 公克調整為 70 公克。
- 建議使用高品質的苦甜巧克力。使用加入糖的巧克力製作，會比較甜。

製作步驟 Directions

1 **材料A混合過篩後加入奶油**：中筋麵粉、泡打粉、鹽先混合後再過篩。加入切成小塊的無鹽奶油。

2 **手搓奶油**：手動操作，使用指尖將奶油與乾粉搓合成粗砂狀。不均勻、還見到小奶油塊也沒有關係。（如圖 A）

3 **拌入香蕉、巧克力碎與核桃碎**：切小塊的香蕉先用叉子壓軟，保留部分香蕉塊，約如紅豆大小，不需全壓成香蕉泥。巧克力、核桃皆切碎約為紅豆大小。加入後，使用叉子略微拌合均勻。（如圖 B）

4 **加入材料 B 拌合**：將動物鮮奶油、蛋黃先混合後加入，叉子略微拌合，食材會形成類似麵疙瘩的團塊狀。（如圖 C）

5 **冷藏司康麵團**：團塊狀未整形的司康麵團，蓋上保鮮膜，放入冰箱冷藏最少 1 小時。建議 2 小時。

6 **翻折・整形・切割**：使用刮板協助，將略微壓平的麵團翻折再翻折，整形成 18 x 10 公分長方形麵餅狀，刀切成 8 塊。使用壓模也可以。放入鋪好烘焙紙的烤盤上，中間留下間距。

TIP：司康麵團冷藏後較不黏手。黏手時可用少許手粉。

7 **頂部刷蛋黃鮮奶油液與裝飾**：蛋黃與動物鮮奶油均勻混合後，刷在司康頂部，來回兩次，第一次薄，第二次略厚。再撒上粗糖作為裝飾。完成後入爐烘焙。（如圖 D）

烘焙 Baking

| 烘焙溫度 | 200℃，上下溫。

| 烤盤位置 | 烤箱中層，正中央。

| 烘焙時間 | 18 ～ 20 分鐘，應依照司康的厚度與大小調整烘焙時間。烤到頂部呈現明顯金黃色澤，周邊上色均勻。

| 出爐靜置 | 出爐的司康先留在烤盤上 10 分鐘，再放在網架上冷卻。

寶盒筆記 Notes

【冷藏司康麵團】

- 食材的奶油量只有 30 公克，是個油脂比較低的食譜。冷藏步驟可以幫助麵粉融合奶油與香蕉的香氣，並吸收鮮奶油與香蕉中的水分，不但幫助司康定型，也是種延展滋味的方法。
- 經過冷藏後再烘焙的司康麵團，同樣切割的方式，同樣大小，冷藏過的麵團，會比較高。

【蛋糕式司康】

- 不冷藏，不切塊，直接將整塊司康麵團入模，烘焙後再切割也是一種簡易而快速的作法。
- 將翻折後的司康麵團放入塔派烤模後，略微壓平頂部，讓頂部平整，刷上蛋黃與鮮奶油，撒上粗糖做裝飾，入爐烘焙直到均勻上色，烘焙完成後再切割。烘焙整塊司康時，建議降低烘焙溫度至 180℃ / 上下溫，烘焙時間會比較長，約 25 ～ 30 分鐘。

咖啡巧克力司康

COFFEE AND CHOCOLATE CHIP SCONES

咖啡的征服，巧克力的淪陷，
親力親為所需的能量，365 天不妥協的活力，
都可以依賴咖啡巧克力司康。

材料 Ingredients

司康

組	材料	份量
	即溶咖啡粉	1½ 小匙
	冷開水	1 小匙
A	動物鮮奶油 35%（冷藏溫度）	35g
A	雞蛋（冷藏溫度）	1 個
A	香草精	1 小匙
B	中筋麵粉	180g
B	泡打粉	1½ 小匙
B	鹽	⅛ 小匙
B	細砂糖	40g
	無鹽奶油（冷藏溫度）	40g
	巧克力碎	75g

司康頂 _ 烘焙前

材料	份量
全脂鮮奶（冷藏溫度）	1 小匙
巧克力碎	1 ～ 2 小匙

份量 & 模具 Quantity & Bakeware

8 ～ 9 個壓模成形的圓形司康（直徑 5 ～ 6 公分圓形壓模）

製作步驟 Directions

1 **製作咖啡鮮奶油**：即溶咖啡粉與冷水攪拌到即溶咖啡粉溶解後，加入材料 A 的鮮奶油、雞蛋、香草精，全部攪拌均勻，備用。（如圖 A）

TIP：在冷水中無法完全融解的小咖啡顆粒，會在司康中留下深褐色的黑點點，也是風味特色。

2 **材料 B 過篩後與奶油搓合**：中筋麵粉、泡打粉、鹽、細砂糖混合過篩後，加入切小塊的奶油，用指尖將奶油與乾粉搓合成粗砂狀。（如圖 B）

3 **加入咖啡鮮奶油**：加入步驟 1 備用的咖啡鮮奶油後，用叉子翻拌再翻拌成團塊狀。（如圖 C）

4 **加入巧克力碎**：拌勻，麵團完成。（如圖 D、E）

5 **翻折疊砌・整形**：以刮板協助進行麵團翻折疊砌動作後，將麵團輕輕平壓成厚度約 2.5 公分的厚餅狀。

6 **切割**：使用直徑 5 ～ 6 公分圓形壓模切割。平行收合剩下的麵團，切開疊起後將麵團輕輕壓合，再切割，直到用完所有麵團。放在鋪好烘焙紙的烤盤上，中間留下間距。

7 **頂部刷鮮奶與裝飾**：司康頂部刷上鮮奶，並撒上巧克力碎。完成後入爐烘焙。（如圖 F）

烘焙 Baking

｜烘焙溫度｜	200℃，上下溫。（或是180℃，旋風功能）
｜烤盤位置｜	烤箱中層，正中央。
｜烘焙時間｜	15 ～ 18 分鐘，應依照司康的厚度與大小調整烘焙時間。烤至頂部呈現明顯金黃色澤，周邊上色均勻。
｜出爐靜置｜	出爐的司康先留在烤盤上 10 分鐘，再放在網架上冷卻。

摩卡可可巧克力司康

MOCHA, COCOA AND CHOCOLATE CHIP SCONES

對摩卡的暗戀，不甜。與可可的青春，遙遠。
至於，提起與巧克力的偶遇，豈止是輾轉。
咖啡的，可可的，巧克力的，濃度最美的結合，深滋味只給深度知音。

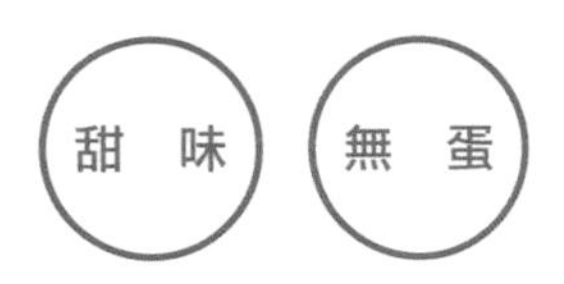

材料 Ingredients

司康

即溶咖啡粉 .... 1 小匙
美式咖啡或是冷開水 .... 1 小匙
動物鮮奶油 35%（冷藏溫度）......... 65g

A
- 中筋麵粉 160g
- 泡打粉 .... 1¼ 小匙
- 烘焙蘇打粉 .... ⅛ 小匙
- 鹽 .... ⅛ 小匙
- 白砂糖 25g
- 可可粉 .... 1½ 小匙

無鹽奶油（冷藏溫度）.................... 35g
巧克力碎或巧克力豆豆 75g

份量 & 模具 Quantity & Bakeware

8 ～ 9 個壓模成形的圓形司康（直徑 5 ～ 6 公分圓形壓模）

製作步驟 Directions

1 **製作咖啡鮮奶油**：將即溶咖啡粉加入美式咖啡或是冷水中，攪拌到即溶咖啡粉溶解後，全部倒入鮮奶油中攪拌均勻，備用。（如圖 A）
TIP：在冷水中或無法完全溶解的即溶咖啡，在完成的司康上會留下濃郁的咖啡斑點與風味。

2 **材料 A 過篩後與奶油搓合**：中筋麵粉、泡打粉、烘焙蘇打粉、鹽、白砂糖、可可粉混合過篩後，加入切小塊的無鹽奶油，用指尖將奶油與乾粉搓合成粗砂狀。（如圖 B）

3 **加入巧克力碎**：略微混合。（如圖 C）

4 **加入液態食材**：加入備用的咖啡鮮奶油後，用叉子翻拌再翻拌成團塊狀。（如圖 D、E）

5 **翻折疊砌・整形**：以刮板協助進行麵團翻折疊砌動作後，將麵團輕輕平壓成厚度約 2.5 公分的厚餅狀。

6 **切割**：使用直徑 5 ～ 6 公分圓形壓模切割。平行收合剩下的麵團，切開疊起後將麵團輕輕壓合，再切割，直到用完所有麵團。放在鋪好烘焙紙的烤盤上，中間留下間距。完成後入爐烘焙。（如圖 F）

烘焙 Baking

| 烘焙溫度 | 200℃，上下溫。
| 烤盤位置 | 烤箱中層，正中央。
| 烘焙時間 | 15 ～ 18 分鐘，應依照司康的厚度與大小調整烘焙時間。烤到頂部呈現明顯金黃色澤，周邊上色均勻。
| 出爐靜置 | 出爐的司康先留在烤盤上 10 分鐘，再放在網架上冷卻。

寶盒筆記 Notes

風味感強烈的摩卡可可巧克力司康，簡易家庭食材中的深度經典好味道。

摩卡可可巧克力司康中，選用的咖啡、可可粉、巧克力，其所擁有的香氣、風味、品質與濃度，都會賦予成品風味上的特殊性。

A
B
C
D
E
F

白巧克力蛋奶酒司康

ADVOCAAT SCONES WITH WHITE CHOCOLATE

從豐潤的第一口直到醇香的最後一口。
白巧克力蛋奶酒司康僅以純釀蛋奶酒潤澤，
Creamy 中見濃也見酥，是成熟靈魂所珍愛的感性滋味。

材料 Ingredients

司康

	材料	份量
A	中筋麵粉	160g
A	泡打粉	1½ 小匙
A	鹽	¼ 小匙
A	細砂糖	20g
	無鹽奶油（冷藏溫度）	50g
B	白巧克力豆	70g
B	蛋黃（冷藏溫度）	1 個
B	香草精	½ 小匙
B	蛋奶酒 Advocaat	85g

司康頂 _ 烘焙前

蛋奶酒 + 蛋黃 .... 1 ～ 2 小匙
粗糖粒 .... 適量

司康頂 _ 烘焙後

糖粉 .... 適量

份量 Quantity

8 個切割成形的三角形司康

製作步驟 Directions

1 **材料 A 過篩後加入奶油**：中筋麵粉、泡打粉、鹽、細砂糖混合過篩後，加入切小塊的無鹽奶油，用指尖將奶油與乾粉搓合成粗砂狀。

2 **加入材料 B 拌合成團**：加入白巧克力、蛋黃、香草精、蛋奶酒，用叉子拌合直到成團。加入蛋奶酒之後，麵團會較為黏稠，不易整形，不適合立刻切割製作。（如圖 A、B）

3 **冰箱冷凍靜置 30 分鐘**：容器上蓋上保鮮膜，冷凍 30 分鐘，或是直到麵團略有硬度。

4 **折疊．整形．切割**：工作檯上撒少許手粉，使用刮板協助進行麵團折疊。將麵團輕輕壓平整形成 16 x 8 公分的長方形後，用刀先切四等分，再斜切成三角形，共切成 8 塊。放入鋪好烘焙紙的烤盤上，中間留下間距。（如圖 C）

TIP：經過冷凍靜置的麵團能切出乾淨且漂亮的切面。

5 **頂部刷蛋奶酒 + 蛋黃**：蛋奶酒與一點點蛋黃先混合，刷在司康頂部。再撒上粗糖粒。完成後入爐烘焙。（如圖 D）

烘焙 Baking

｜烘焙溫度｜	200℃，上下溫。
｜烤盤位置｜	烤箱中層，正中央。
｜烘焙時間｜	16 ～ 18 分鐘，應依照司康的厚度與大小調整烘焙時間。烤到頂部呈現明顯金黃色澤，周邊上色均勻。
｜出爐靜置｜	出爐的司康先留在烤盤上 10 分鐘，再放在網架上冷卻。
｜烘焙後裝飾｜	在司康上撒糖粉，完成。

寶盒筆記 Notes

當司康中加入顆粒大、質地較為堅硬的風味食材時，例如這個食譜中的白巧克力，其他還有黑巧克力、堅果、種籽、硬質的乾酪等等，以壓模切割會有難度。

司康麵團整形後的厚度大約都在 2.0 公分到 2.5 公分之間，能製作出高度與蓬鬆度都非常理想的司康。如以低筋麵粉製作，加上麵團厚度低於 2.0 公分時，因低筋麵粉中的蛋白質不足，即使折疊步驟完美，無法給予足夠的架構力，烘焙後的司康的外型趨向平扁。

司康中液態食材的比例，絕對是美味司康的關鍵。司康麵團在完成時應該是濕潤的、有點黏手的，這樣的司康麵團所完成的司康質地滋潤而鬆軟。不過，水分高又濕黏的麵團在整形與切割時，都比水分低質地較為乾燥的麵團更具挑戰性。當碰到水分含量較高麵團黏手，奶油融化，或是操作中升溫的司康麵團時，可以先將麵團冷藏或冷凍靜置（麵團需包保鮮膜）約 30 ～ 60 分鐘，等麵團降溫，麵團中的奶油固化，在整形與切割的操作上，就會更為順手。

CHAPTER

5

分享司康，分享愛

蔬菜
・
水果風味

Cappuccino;
offee with steamed milk
am, sometimes served
h whipped cream or
nkled with cocoa

紅栗南瓜與南瓜籽司康淋香草糖霜

RED KURI SQUASH AND PUMPKIN SEED SCONES WITH VANILLA GLAZE

秋熟時節的禮讚：
紅栗南瓜的深淺甜蜜，南瓜籽的多少幸福，
與季節裡最好的記憶一起封存。

材料 Ingredients

司康

A
- 中筋麵粉 160g
- 泡打粉 .... 1½ 小匙
- 鹽 .... ¼ 小匙

- 細砂糖 30g
- 紅栗南瓜（冰，已烤熟切丁塊）.... 100g
- 肉桂粉 .... ¼ 小匙
- 無鹽奶油（冷藏溫度）................. 40g
- 南瓜籽碎 20g

B
- 全蛋蛋汁（冷藏溫度）................. 50g
- 全脂鮮奶（冷藏溫度）................. 40g

司康頂 _ 烘焙前

- 蛋黃（冷藏溫度）............. 1 ～ 2 小匙
- 紅栗南瓜片（已烤熟）................ 適量
- 南瓜籽碎 .... 適量

香草糖霜 _ 烘焙後（可省略）

- 糖粉 .... 3 ～ 4 大匙
- 全脂鮮奶（冷藏溫度）............ ½ 小匙
- 香草精 .... 1 滴

份量 & 模具 Quantity & Bakeware

6 ～ 7 個壓模成形的圓形司康（直徑 5 ～ 6 公分圓形壓模）

1 **材料 A 與糖混合**：中筋麵粉、泡打粉、鹽混合過篩後，加入細砂糖，再次仔細混合。

2 **南瓜丁裹粉**：烤熟冷卻的南瓜切成小丁塊後拌入肉桂粉與 1 小匙過篩後的乾粉。讓粉質食材裹住南瓜丁，冷藏備用。

TIP：切丁後的南瓜先用一點粉質食材拌合，加入麵團中時比較容易分散開，不會集結在一起。【用烤箱烤南瓜】請見筆記欄。

3 **手搓奶油**：乾粉中加入切塊的無鹽奶油後，用指尖將奶油與乾粉搓合成粗砂狀。

4 **拌入南瓜籽碎**：加入切碎的南瓜籽混合。

5 **加入材料 B**：在中間挖個凹槽，加入蛋汁與鮮奶。

6 **翻拌均勻**：用叉子將液態食材略微拌合後，輕輕翻拌，讓乾濕食材混合。

7 **最後加入南瓜丁**：用叉子翻拌成團。部分軟質的南瓜丁會在操作中變成南瓜泥與麵團結合，部分果肉會仍然保留塊狀。
TIP：南瓜丁是冷藏溫度。

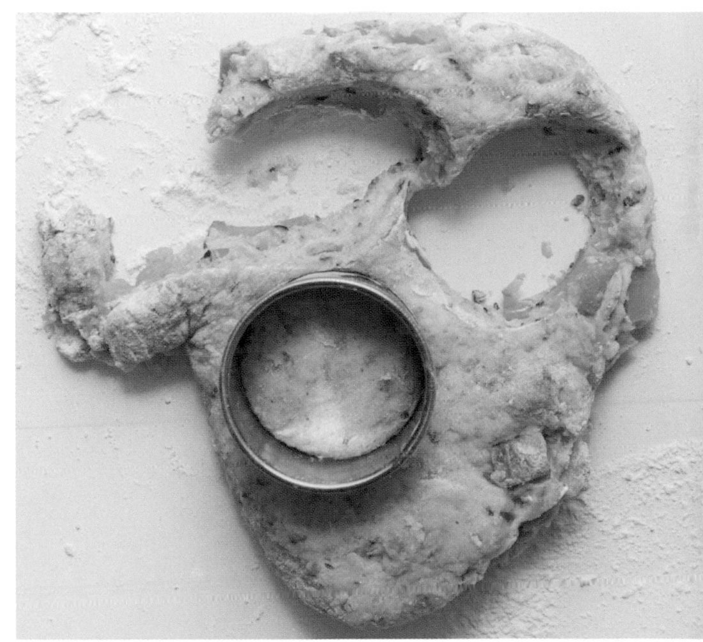

8 **翻折＋疊砌・整形・切割**：以刮板協助進行麵團翻折疊砌動作。經過翻折後的麵團，輕輕平壓成厚度約 2.5 公分的厚餅狀，使用直徑 5 ～ 6 公分圓形壓模切割。

9 **平行收合麵團**：第二次切割前，平行收合剩下的麵團。

10 **切開後疊起平壓**：重複將麵團對切疊起後輕輕壓合，再次用壓模切割，直到用完所有麵團。放在鋪好烘焙紙的烤盤上，中間留下間距。

11 **頂部刷蛋黃**：蛋黃先打散，均勻刷在司康頂部。

12 **頂部裝飾**：接著將紅栗南瓜切成薄片後，放在司康上方，再次在南瓜片上刷一道蛋黃液，讓南瓜在烘焙中保持濕潤。最後撒上南瓜籽碎。完成後入爐烘焙。

烘焙 Baking

| 烘焙溫度 | 200℃，上下溫。

| 烤盤位置 | 烤箱中層，正中央。

| 烘焙時間 | 16 ～ 18 分鐘，應依照司康的厚度與大小調整烘焙時間。烤到頂部呈現明顯金黃色澤，周邊上色均勻。

| 出爐靜置 | 出爐的司康先留在烤盤上 10 分鐘，再放在網架上冷卻。

| 烘焙後裝飾 | 糖粉中加入鮮奶並滴入香草精，用小湯匙拌合均勻後，用小湯匙將香草糖霜以線狀淋上司康作為裝飾。需等司康完全冷卻才淋糖霜，司康還有熱度時會融解糖霜，糖霜雖不明顯，糖霜的滋味會被留下來。

寶盒筆記 Notes

【紅栗南瓜】

- 紅栗南瓜，英文：Red kuri squash，是種外皮與果肉都可食用的冬季南瓜。食譜中所使用的紅栗南瓜塊是帶皮烤焙至全熟後，帶皮切小塊使用。
- 用烤箱烤南瓜：烤箱預熱 200℃ 。如計劃食用南瓜外皮，需確實洗淨。剖開後去除內囊與種籽，切大片，放入鋪好烘焙紙的烤盤，在烤箱中層，烘焙約 30 分鐘，直到南瓜熟軟能用筷子輕易穿透果肉與果皮。
- 南瓜也可蒸熟，待冷卻後使用；水煮方式較不適合這個食譜。使用前需完全冷卻並用廚房紙巾吸乾多餘的水分。
- 製作司康時使用的食材都應該是冷的。南瓜完全冷卻後，如能再冷藏降溫會更好。經過冷藏的南瓜質地較硬，操作中比較不容易碎化成軟泥。
- 當所使用的南瓜含水量較高時，可稍微減少鮮奶的用量。
- 能夠為南瓜提香與提升風味的香料，除了肉桂粉之外，另有薑粉、丁香、薑黃、孜然、月桂葉、辣椒……。
- 適合與南瓜搭配的食材：胡桃、栗子、深色紅糖、蜂蜜、奶油乳酪、榛果奶油……等。

南瓜籽外層的薄殼有著與堅果非常類似的特殊風味。使用前可先將未經調味，連殼的南瓜籽在乾鍋上烘香，冷卻後再切成碎粒。南瓜籽也可用其他堅果等量取代。

紅蘿蔔南瓜籽司康

CARROT AND PUMPKIN SEED SCONES

同時融合紅蘿蔔的甜意與南瓜籽的清口堅果味，
保留大地至純至真滋味。

材料 Ingredients

司康

紅蘿蔔（切丁或細絲）.......................... 100g
植物油 .... 1 小匙
細砂糖 10g

A
- 中筋麵粉 160g
- 泡打粉 .... 1½ 小匙
- 鹽 .... ½ 小匙

無鹽奶油（冷藏溫度）.......................... 35g
台灣黑糖 25g
帶殼南瓜籽（碎粒）............................. 20g
全脂鮮奶（冷藏溫度）.......................... 80g

司康頂 _ 烘焙前

動物鮮奶油 35%（冷藏溫度）..... 1 ～ 2 小匙
台灣黑糖 .... 適量

份量 & 模具 Quantity & Bakeware

8 個壓模成形的圓形司康（直徑 5 ～ 6 公分圓形壓模）

製作步驟 Directions

1 **清炒紅蘿蔔丁**：紅蘿蔔切小丁後，在加入植物油的鍋中翻炒到熟透而不軟，撒上砂糖，冷卻備用。（如圖 A）

2 **材料 A 過篩後搓合奶油**：將中筋麵粉、泡打粉、鹽混合過篩後，加入切塊的無鹽奶油。將奶油與乾粉搓成粗砂狀，用手、用叉子、用刮板都可以。（如圖 B）

3 **加入台灣黑糖、南瓜籽與紅蘿蔔丁**：用叉子拌合。（如圖 C、D）
TIP：油炒過的紅蘿蔔丁，無需瀝淨油脂。

4 **加入鮮奶**：先倒入約四分之三份量的鮮奶，視麵團乾濕度再以少量鮮奶調節，用叉子拌合成司康麵團。（如圖 E、F）

5 **翻折・整形**：將麵團連續翻折數次後，輕輕平壓成厚度約 2.0 ～ 2.5 公分長方形麵餅狀。

6 **壓模切割**：使用直徑 5 ～ 6 公分圓形壓模切割。平行收合剩下的麵團，切開疊起後將麵團輕輕壓合，再切割，直到用完所有麵團。放入鋪好烘焙紙的烤盤上，中間留下間距。

7 **頂部刷鮮奶油與撒台灣黑糖**：將司康頂部刷上鮮奶油，再撒上少許台灣黑糖。完成後入爐烘焙。

烘焙 Baking

| 烘焙溫度 | 200℃，上下溫。
| 烤盤位置 | 烤箱中層，正中央。
| 烘焙時間 | 15 ～ 18 分鐘，應依照司康的厚度與大小調整烘焙時間。烤到頂部呈現明顯金黃色澤，周邊上色均勻。
| 出爐靜置 | 出爐的司康先留在烤盤上 10 分鐘，再放在網架上冷卻。

寶盒筆記 Notes

喜歡紅蘿蔔想要增加紅蘿蔔的份量，可以嗎？
增加紅蘿蔔份量，食譜的水分比例會因此被提高，麵粉與其他食材的比例降低，需要重新調整並拉長烘焙時間。

紅糖或是白砂糖可取代台灣黑糖嗎？可以。
所使用的糖不同，司康的滋潤度與甜的層次不同。

糖的糖蜜含量越高、色澤越深，烘焙上色越明顯。以黑糖、紅糖、白砂糖比較，以同樣烘焙溫度與時間製作，成品的色澤由深到淺的排序是：黑糖 > 紅糖 > 白砂糖。

A
B
C
D
E
F

馬鈴薯培根司康

POTATO AND BACON SCONES

培根，馬鈴薯，起司與香料的全美搭檔，
十分的香氣，十分的滋味。

材料 Ingredients

司康

組別	材料	份量
	馬鈴薯（去皮切短細絲）	120g
	冷清水	100g
	鹽	1 小匙
A	中筋麵粉	160g
A	泡打粉	1 小匙
A	鹽	¼ 小匙
A	蒜香粉	¼ 小匙
	無鹽奶油（冷藏溫度）	35g
	培根碎粒	25g
	起司絲（冷藏溫度）	40g
	胡桃碎	20g
	迷迭香	¼ ～ ½ 小匙
B	雞蛋（冷藏溫度）	1 個
B	全脂鮮奶（冷藏溫度）	20g

司康頂 _ 烘焙前

全蛋蛋汁（冷藏溫度）	2 小匙
迷迭香（新鮮或乾燥）	適量

份量 Quantity

8 個切割成形的方形司康

材料重點

- 蒜香粉可用新鮮大蒜 1 瓣剁成蒜末使用。
- 素食者可完全省略培根。
- 除了迷迭香，也可以依照個人喜好選擇其他香料。香料的狀態決定香氣的濃淡深淺：新鮮的比冷凍香，冷凍的比乾燥香。

製作步驟 Directions

1 **馬鈴薯泡鹽水**：馬鈴薯去皮切細絲後，泡入加鹽 1 小匙的冷水中約 15 分鐘。撈起馬鈴薯絲後確實瀝乾，備用。浸泡馬鈴薯用的鹽水不再使用。

TIP：將馬鈴薯絲泡入冷的鹽水中，可以防止去皮馬鈴薯產生酶促褐變（Enzymatic Browning），保持馬鈴薯的風味品質與漂亮色澤。鹽分同時能讓馬鈴薯釋出組織中的水分與澱粉質，讓烘焙熟透的馬鈴薯依然帶著一點讓人喜歡的脆度。

2 **材料 A 過篩後搓合奶油**：中筋麵粉、泡打粉、鹽、蒜香粉混合後過篩，再加入切塊的無鹽奶油，用指尖將奶油與乾粉搓合成粗砂狀。（如圖 A）

3 **加入其他食材翻拌**：依序加入培根粒、起司絲、胡桃碎、迷迭香以及馬鈴薯絲，用叉子將所有食材翻拌均勻。在翻拌後或還看得見奶油粉塊。（如圖 B、C）

4 **倒入材料 B**：鮮奶中加入雞蛋打散後，一次全部倒入。用叉子拌合成司康麵團。（如圖 D、E）

5 **翻與折**：工作檯上略撒少許手粉（食譜份量外）。以刮板協助進行麵團翻與折動作。

TIP：
- 麵團乾燥無法成團時，可以加點鮮奶調節。麵團濕度較高而黏手時，可以加點麵粉調節。
- 翻折動作中如果過於用力壓平麵餅，烘焙後，司康不容易蓬鬆，口感也會受到影響。

6 **整形．切割**：麵團經翻折後，輕輕平壓成長方形麵餅狀，厚度約 2.0 ～ 2.5 公分。用刀等切成 8 個長方形塊狀。放在鋪好烘焙紙的烤盤上，中間留下間距。

TIP：司康麵餅盡可能保持厚薄一致而平整，烘焙後才不會因為高低不均而歪斜。切割用的刀刃保持乾淨，司康的切面也會比較乾淨而漂亮。

7 **頂部刷全蛋汁與裝飾**：在司康頂部刷全蛋汁，薄而均勻就可以，也可以來回刷兩道。再將迷迭香放在每個司康上。完成後入爐烘焙。（如圖 F）

TIP：全蛋汁避免刷到切割面，以免影響司康膨高。

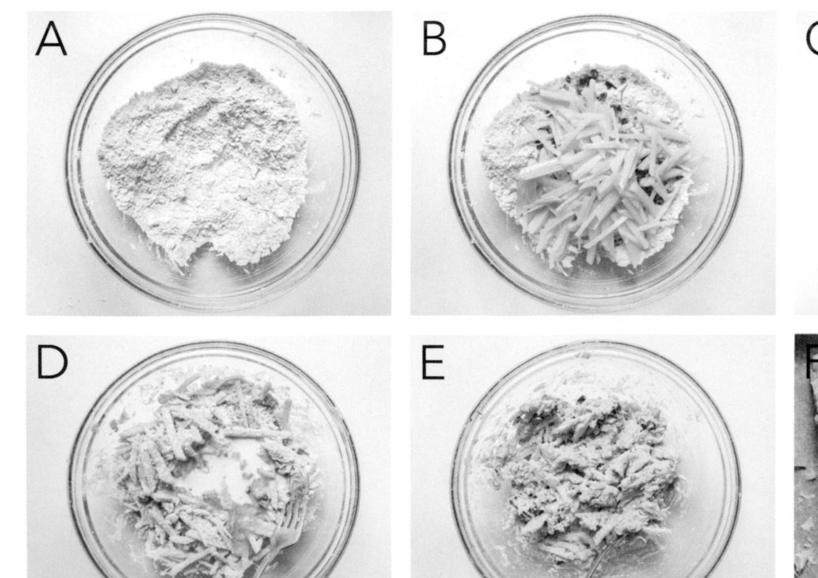

烘焙 Baking

| 烘焙溫度 | 200℃，上下溫。

| 烤盤位置 | 烤箱中層，正中央。

| 烘焙時間 | 18 ～ 22 分鐘，應依照司康的厚度與大小調整烘焙時間。烤到頂部呈現明顯金黃色澤，周邊上色均勻。

| 出爐靜置 | 出爐的司康先留在烤盤上 10 分鐘，再放在網架上冷卻。

寶盒筆記 Notes

減緩新鮮果蔬產生褐變現象，除了將果蔬浸泡鹽水中之外，也可利用新鮮檸檬汁。不過因為酸味食材也會改變馬鈴薯的味道與質地，不建議在這個食譜中採用。

可用全脂鮮奶替代雞蛋製作馬鈴薯培根司康。將全脂鮮奶的份量調整為 65 ～ 70 公克。鮮奶中有超過 80% 的水分，司康因此需要較長的烘焙時間，若使用相同的烘焙溫度，所完成的司康外型會比較平扁。

可用台灣盛產的美味地瓜替代馬鈴薯，完成的司康有著地瓜自然的甘薯香甜。

美味的馬鈴薯培根司康可依個人喜好，在香料與起司種類的選擇與份量上做變化與調整，就能完成自己所喜歡的風味司康。

以各式起司搭配香料製作的鹹香風味司康，適合成為綠色沙拉伴侶，搭配各式濃湯與不同風味的抹醬，變化萬千。

櫛瓜司康

ZUCCHINI SCONES

纖維質豐富的櫛瓜，營造蔬菜特有的潤澤鮮甜，
搭配香蒜酸奶油抹醬，一次擁有蔬果田園的舒雅與自在。

材料 Ingredients

司康

	材料	份量
	櫛瓜（刨細絲）	75g
	中筋麵粉	1 大匙
	細砂糖	1 小匙
A	中筋麵粉	150g
A	泡打粉	1¼ 小匙
A	鹽	½ 小匙
	無鹽奶油（冷藏溫度）	35g
B	雞蛋（冷藏溫度）	1 個
B	動物鮮奶油 35%（冷藏溫度）	20g

司康頂 _ 烘焙前

蛋黃（冷藏溫度）.......... 半個（可用鮮奶取代）
動物鮮奶油 35%（冷藏溫度）.................. 1 小匙
鹽之花 .... 1 小匙

份量 & 模具 Quantity & Bakeware

8 ～ 9 個壓模成形的圓形司康（直徑 5 ～ 6 公分圓形壓模）

製作步驟 Directions

1 **處理櫛瓜**：櫛瓜洗淨刨細絲，加入中筋麵粉 1 大匙與細砂糖混合，備用。（如圖 A）

2 **材料 A 過篩後搓合奶油**：中筋麵粉、泡打粉、鹽混合後過篩，再加入切塊的無鹽奶油，用指尖將奶油與乾粉搓合成粗砂狀。（如圖 B）

3 **拌合櫛瓜絲**：用手或是叉子，將櫛瓜絲與奶油乾粉略微拌合。（如圖 C）
TIP：盡可能讓成團的櫛瓜絲均勻散開。

4 **加入材料 B**：加入雞蛋與鮮奶油後，用叉子將所有食材拌合成粗細不均的粉團狀。（如圖 D、E）

5 **翻折．整形**：工作檯上略撒手粉（食譜份量外）。以刮板協助進行麵團翻與折動作，重複翻和折的動作幾次。輕輕平壓成厚度約 2.0 ～ 2.5 公分麵餅狀。

6 **壓模成形**：用直徑 5 ～ 6 公分圓形壓模切割。放入鋪好烘焙紙的烤盤上，中間留下間距。
TIP：先將壓模沾點麵粉，可以防止沾黏。麵餅的厚薄均等，烘焙後的司康才能有漂亮的外型。

7 **冷藏靜置 1 小時**：切割好的司康蓋上保鮮膜，連烤盤送入冰箱冷藏。

8 **頂部刷蛋黃鮮奶油**：先將蛋黃與鮮奶油均勻打散，在司康頂部來回刷兩次蛋黃鮮奶油，再撒上少許鹽之花。完成後入爐烘焙。（如圖 F）
TIP：刷蛋黃與鮮奶油時，盡量避免刷到切割面，以免影響司康膨高。

烘焙 Baking

| 烘焙溫度 | 190℃，上下溫。
| 烤盤位置 | 烤箱中層，正中央。
| 烘焙時間 | 16 ～ 18 分鐘，應依照司康的厚度與大小調整烘焙時間。烤到頂部呈現明顯金黃色澤，周邊上色均勻。
| 出爐靜置 | 出爐的司康先留在烤盤上 10 分鐘，再放在網架上冷卻。

寶盒筆記 Notes

動物鮮奶油的脂肪含量在 35% ～ 36% 之間，全脂鮮奶則是 3.6% 上下，兩者的水分含量也截然不同。在櫛瓜司康食譜中只需要 20 公克動物鮮奶油，替換等量鮮奶時，需延長烘焙時間。

如以刨絲的南瓜取代櫛瓜時，記得加入一小撮香料提味，可依個人喜好選擇其中一種：卡宴胡椒粉、薑黃粉、迷迭香、小茴香、羅勒葉。

櫛瓜司康搭配香蒜酸奶油抹醬，尤其讓人喜歡，同時也是夏日午後輕簡餐的美味配料。簡易食譜如下：
材料 | 酸奶油（Sour cream）30g、蒜末適量、海鹽適量
作法 | 將酸奶油與蒜末、海鹽混合，即成為香蒜酸奶油抹醬。

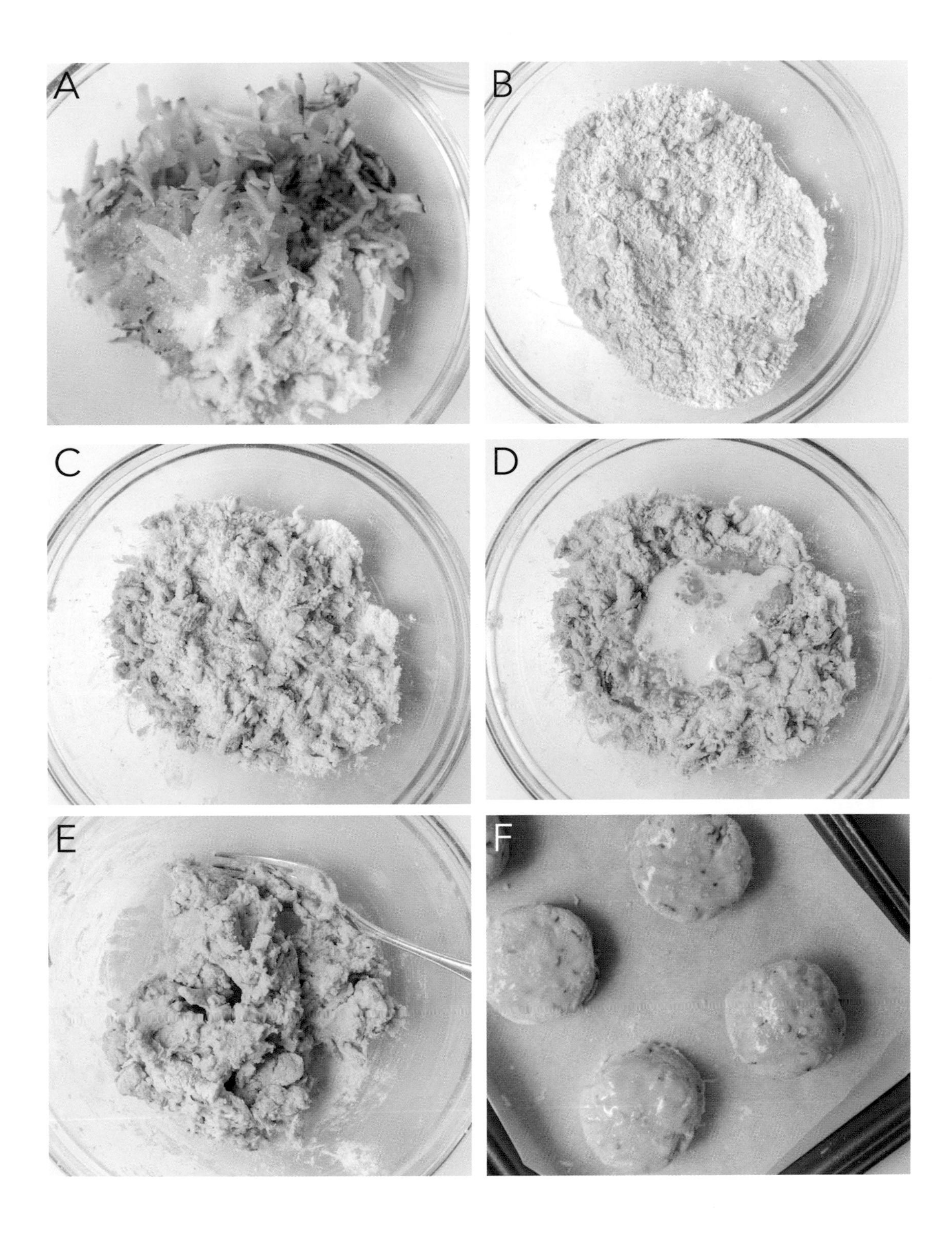
A
B
C
D
E
F

焦糖洋蔥司康

CARAMELIZED ONION SCONES

藉焦糖洋蔥釋放的甜與甘，
讓單純的鹹，多一層溫潤，並多一段內斂與委婉。

材料 Ingredients

司康

紅白洋蔥絲 120g
橄欖油 .... 1½ 大匙
紅糖 Brown sugar .... 1 大匙
奧勒崗葉（乾燥）........... ¼ 小匙

A
中筋麵粉 160g
泡打粉 .... 2 小匙
鹽 .... 1 小撮

B
特級橄欖油 45g
全蛋蛋汁（冷藏溫度）.......... 35g
全脂鮮奶（冷藏溫度）.......... 50g

材料重點

- 食材中的紅白洋蔥，當然可以全部使用白洋蔥製作。
- 除了加入奧勒崗葉之外，喜歡辣味的人，也可以嘗試加入黑胡椒粉或是微量的辣椒粉，都能讓焦糖洋蔥司康展現新的風味層次。

份量 Quantity

5 ～ 6 個切割成形的捲捲司康

製作步驟 Directions

1 **製作焦糖洋蔥**：將紅洋蔥與白洋蔥切成細絲。平底鍋中加入橄欖油熱鍋後，放入洋蔥絲，上方撒上紅糖。以中火煎到洋蔥絲呈透明收乾水分的狀態，紅糖在加熱過程中會融成焦糖狀。平底鍋離火，洋蔥絲起鍋冷卻後，撒上增香用的奧勒岡葉，備用。（如圖 A、B）

TIP：洋蔥絲會因糖而焦糖化，部分的洋蔥絲因焦糖而呈現深褐色，有焦糖的香氣與甜味，與焦鍋的苦味不同。

2 **材料 A 過篩**：中筋麵粉、泡打粉、鹽先混合後再過篩。

3 **加入焦糖洋蔥**：倒入乾粉中，用叉子混合。（如圖 C）

4 **加入材料 B 拌合**：依序加入橄欖油、蛋汁、鮮奶，用叉子拌合所有食材。不結團、粗細不均的質地，能在翻折疊的階段步驟改變。（如圖 D、E）

5 **翻折後捲起**：工作檯上略撒手粉（食譜份量外）。以刮板協助進行麵團翻與折動作數次後，平鋪攤開成長方形的平麵餅狀，再慢慢捲起。

6 **切割成形**：用利刀切片，切成 5 ～ 6 片都可以。平鋪放入鋪好烘焙紙的烤盤上，中間留下間距。完成後入爐烘焙。（如圖 F）

TIP：乾淨的刀面可以讓司康有漂亮切面，厚薄大小均等，司康烘焙的時間才能一樣。

烘焙 Baking

| 烘焙溫度 | 200℃，上下溫。

| 烤盤位置 | 烤箱中層，正中央。

| 烘焙時間 | 16 ～ 18 分鐘，應依照司康的厚度與大小調整烘焙時間。烤到頂部呈現明顯金黃色澤，周邊上色均勻。

| 出爐靜置 | 出爐的司康先留在烤盤上 10 分鐘，再放在網架上冷卻。

寶盒筆記 Notes

【橄欖油】

- 使用橄欖油製作司康，應該特別留心橄欖油的油脂風味與耐熱度兩件事。
- 以糕點餅乾製作來說，特級初榨橄欖油（英文：Extra virgin olive oil）的味道較為溫和而淡雅，比較適合糕點製作。特級初榨橄欖油的油脂發煙點可達到 200℃，所以建議的烘焙溫度不應高於 200℃，才不會讓油脂在加熱中變質。
- 液態的橄欖油即使經過冷藏也不會固化，如果使用橄欖油替換奶油製作司康，並不適合某些需要冷藏麵團的司康食譜。
- 以液態油脂製作司康時，容易因為過度操作麵團而發生滲油現象，導致烘焙完成的司康比較硬實，缺乏司康應有的鬆酥特色。只需稍加注意司康的操作手法，就能避免。
- 可用其他氣味中性的植物油，如：大豆油、葵花油、玉米油……，都可替代橄欖油。以 1:1 等量替換。

使用紅糖烘焙時，因紅糖中所含的糖蜜，會讓烘焙物較容易上色。

享受焦糖洋蔥司康的方式尤其多，無論搭配油煎番茄或是醃黃瓜，加上抹醬如：奶油乳酪、香蒜奶油、酸奶油、茅屋起司……都是好選擇。

香蒜醬松子司康

BASIL PESTO AND PINE NUT SCONES

宜人的香蒜風味，加入鹹味層次豐富的帕瑪森乾酪，
還有松子的餘潤蕩漾，是義大利與司康間的風情對話。

材料 Ingredients

司康

A |
- 中筋麵粉 240g
- 泡打粉 .... 2 小匙
- 鹽 .... ¼ 小匙

- 無鹽奶油（冷藏溫度）............ 60g
- 松子 40g
- 帕瑪森乾酪 Parmesan（粉狀）............ 60g
- 香蒜醬 Pesto............ 70g
- 全脂鮮奶（冷藏溫度）............ 130g

司康頂 _ 烘焙前

- 蛋黃（冷藏溫度）...... 半個（可用鮮奶取代）
- 全脂鮮奶（冷藏溫度）............ ½ 小匙
- 帕瑪森乾酪（粉狀）............ 適量

份量 Quantity

12 ～ 16 個切割成形的方形司康

製作步驟 Directions

1 **材料 A 過篩後加入奶油**：中筋麵粉、泡打粉、鹽先混合後再過篩，加入切成小塊的無鹽奶油。

2 **手搓奶油**：用指尖將奶油與乾粉搓合成粗砂狀。完成時還見到粒狀的小奶油塊。（如圖 A）

3 **加入松子與帕瑪森乾酪粉**：用叉子略微拌合。（如圖 B）

4 **加入香蒜醬與鮮奶**：輕輕拌合完成司康麵團。（如圖 C、D）

TIP：拌合完成的麵團是粗糙、散落、不平滑的，或能看得見小奶油塊；在接續的翻壓整形動作，麵團塊會在操作中成團。

5 **翻折＋疊砌**：以刮板協助進行麵團翻折疊砌動作。一手握著刮板，一手協助，連續輕翻輕壓幾次後，將麵團整合成麵餅狀。

TIP：翻折步驟是讓司康包覆空氣，形成內部層次的方法。對折再對折，或是三折再三折，都可以，依照個人習慣。翻折壓合的手法要輕，避免過度操作而影響司康口感。

6 **整形・切割**：將麵團翻壓成厚度約 2.5 公分的麵餅，刀切成塊。將切割好的司康放在鋪好烘焙紙的烤盤上。中間留下間距。

7 **冷藏靜置 1 小時**：切割好的司康蓋上保鮮膜，連烤盤送入冰箱冷藏。

8 **頂部刷蛋黃鮮奶液**：將蛋黃中加入鮮奶打散後，刷在司康頂部。再於每個司康頂部撒上帕瑪森乾酪粉。完成後入爐烘焙。（如圖 E、F）

TIP：冷藏後的司康不需回溫，刷好蛋黃鮮奶液後，直接入爐烘焙。

烘焙 Baking

| 烘焙溫度 | 190℃，上下溫。
| 烤盤位置 | 烤箱中層，正中央。
| 烘焙時間 | 16 ～ 18 分鐘，應依照司康的厚度與大小調整烘焙時間。
烤到頂部呈現明顯金黃色澤，周邊上色均勻。
| 出爐靜置 | 出爐的司康先留在烤盤上 10 分鐘，再放在網架上冷卻。

寶盒筆記 Notes

香蒜醬松子司康是無蛋食譜。如果希望完全省略雞蛋，在烘焙前刷上鮮奶就可。以鮮奶取代蛋黃，司康外層的香味較淡，上色不明顯。

如使用直徑 5 ～ 6 公分的圓形壓模切割，麵餅的厚度建議不要超過 2.5 公分。麵團厚而高，麵團底部面積小，烘焙中膨高的麵團缺乏支撐力，司康會因頭重腳輕而歪斜。

【硬質起司】

- 義大利帕瑪森乾酪起司，義大利文：Parmigiano-Reggiano，是一種硬質乾酪。熟成期至少 12 個月。檢驗合格的帕瑪森乾酪起司會看到烙印，熟成時間超過 18 個月是最頂級的帕瑪森乾酪起司，以「EXTRA」或是「EXPORT」字樣標示。帕瑪森乾酪起司的熟成期越長，乳脂滋味越醇，鹹味越重，價格也越高。
- 每種起司各有其特殊風味，並沒有所謂的「可替代」的起司。喜歡硬質起司的風味，建議挑選熟成期長、品質上乘的天然起司，除了帕瑪森乾酪之外，Manchego 與 Grana-Padano 同為義大利的知名乾酪。其他推薦嘗試的硬質乾酪還有：特級切達起司，荷蘭的 Beemster Classic，瑞士的 Sbrinz AOP……等。

【香蒜醬】

- 所使用的香蒜醬，義大利文：Pesto，又譯為青醬。傳統的義大利香蒜醬是使用五大食材：大蒜、新鮮羅勒葉、松子、橄欖油與帕瑪森乾酪製作完成，是香蒜醬義大利麵的主力醬料。食譜中使用的是市售瓶裝成品。當然可以使用自製的香蒜醬。
- 因為所使用的香蒜醬固態物與油脂比例不一，食材中的鮮奶可作為調節麵團的乾濕度之用。建議預留部分鮮奶，不要一次全部倒入，以免麵團水分過高，過於黏手，增加操作的難度。

松子，又稱為松仁或松子仁。松子富有油脂，一旦因氧化而變色，品嚐時帶麻苦味，就不宜再食用。也可用油脂較高的核桃與胡桃，切碎後取代松子。

香蒜醬松子司康非常適合作為早午餐用小點，或是搭配各式清或濃湯品。

青蔥培根起司司康
SCALLION SCONES WITH BACON AND CHEESE

水水青蔥的青鬱與辛甜，伴襯培根與起司的揮灑野性，
有鹹有香，並且有滋有味。

材料 Ingredients

司康

培根（碎粒）.............................. 40g
植物油 .... 1 小匙
A 中筋麵粉 160g
A 泡打粉 .... 1½ 小匙
A 鹽 .... ¼ 小匙
A 黑胡椒粉 .... 1 小撮
無鹽奶油（冷藏溫度）.............................. 40g
天然起司絲（冷藏溫度）.............................. 40g
青蔥（蔥末）.............................. 50g
B 雞蛋（冷藏溫度）.......... 1 個（50g）
B 全脂鮮奶（冷藏溫度）.............................. 40g

司康頂 _ 烘焙前

蛋黃（冷藏溫度）.............................. 1 個
全脂鮮奶（冷藏溫度）.............................. 1 小匙
培根粒 .... 2 小匙

材料重點

- 食材中的黑胡椒、起司、培根、蔥花作為調味，也是香料。如果選用的天然起司熟成時間超過六個月，鹹味比較重，可以減少一點鹽，或是加入約 5 公克的砂糖調節。
- 如果要省略雞蛋，就將全脂鮮奶的份量調整為 75 ～ 85 公克。

份量 & 模具 Quantity & Bakeware

8 ～ 9 個壓模成形的圓形司康（直徑 5 ～ 6 公分圓形壓模）

製作步驟 Directions

1 **炒香培根**：熱鍋中加入植物油，炒香培根粒後，瀝乾油脂，靜置冷卻備用。（如圖 A）

2 **材料 A 過篩後搓合奶油**：中筋麵粉、泡打粉、鹽、黑胡椒粉過篩後，加入切小塊的無鹽奶油，使用指尖將奶油與乾粉搓合成粗砂狀。

3 **依序加入起司絲、蔥末、培根粒**：用叉子略微拌合。（如圖 B、C）

4 **加入材料 B 後拌合**：雞蛋與鮮奶先打散後加入，用叉子拌合。完成的司康麵團大小不均，像是麵疙瘩的大小團塊。在後續的翻折步驟中，會成團。

5 **翻與折**：以刮板協助進行麵團翻與折動作，重複翻 - 折 - 翻 - 折動作，每次翻折後都輕輕壓合麵團，只需成團就可以，避免過度操作。

TIP：如麵團黏手，可在工作檯上與手上略撒手粉（食譜份量外）。

6 **壓模成形**：輕輕將麵團平壓成厚度約 2.0 ～ 2.5 公分麵餅狀，用直徑 5 ～ 6 公分圓形壓模切割。平行收合剩下的麵團，切開疊起後將麵團輕輕壓合，再切割，直到用完所有麵團。放入鋪好烘焙紙的烤盤上，中間留下間距。（如圖 D）

TIP：壓模切割前先沾點麵粉，可以防止沾黏。麵餅的厚薄均等，切割面乾淨，烘焙後的司康才能有漂亮的外型。

7 **頂部刷蛋黃鮮奶液**：蛋黃與鮮奶打散後，在司康頂部刷上蛋黃鮮奶液，來回刷兩次。再撒上少許培根粒。完成後入爐烘焙。（如圖 E、F）

TIP：盡量避免刷到切割面，以免影響司康膨高。

烘焙 Baking

| 烘焙溫度 | 200℃，上下溫。

| 烤盤位置 | 烤箱中層，正中央。

| 烘焙時間 | 18～20分鐘，應依照司康的厚度與大小調整烘焙時間。烤到頂部呈現明顯金黃色澤，周邊上色均勻。

| 出爐靜置 | 出爐的司康先留在烤盤上10分鐘，再放在網架上冷卻。

寶盒筆記 Notes

培根起司青蔥司康上刷的蛋黃鮮奶液，帶給司康漂亮金黃色，烘焙後段接近出爐時，培根、起司、青蔥的綜合香氣，尤其讓人難以等待。烘焙司康烤到香氣出來、均勻上色，滋味更佳。

培根起司青蔥司康麵團不需要冷藏，可以立即製作、立即烘焙。
不同的司康食譜，有不同的麵團處理方式：直接製作，冷藏靜置，短時間冷凍，隔夜冷藏……等方式。
製作司康所用的食材以冷與冷藏低溫為準，特別是使用奶油製作的司康，尤其應留意操作中奶油的溫度。當製作環境的溫度較高，也容易讓奶油升溫進而導致麵團軟化，碰到這樣的狀況時不要馬上加入很多麵粉，建議先將麵團送入冰箱冷藏靜置，直到麵團中的奶油回復固態質地，麵團有一定的硬度時才取出進行接續步驟。降溫後的麵團較易於整形與切割，司康能有漂亮切面，入烤箱烘焙，奶油不會立刻融化，司康會膨得比較高。

司康也可以用切塊方式呈現。沒有司康壓模，一樣可以完成。

培根起司青蔥司康搭配沙拉、奶油玉米濃湯，是我家非常喜歡的夏日輕食簡餐之一。

青蔥司康

SCALLION SCONES

新鮮青蔥搭配頂級奶油的十足香醇，
純粹食材所傳遞的滿滿幸福。

材料 Ingredients

司康

A
- 中筋麵粉 150g
- 泡打粉 .... 1½ 小匙
- 鹽 .... ¾ 小匙
- 黑胡椒粉 .... 1 小撮

- 無鹽奶油（冷藏溫度）........ 50g
- 青蔥（蔥花）........ 50g
- 全脂鮮奶（冷藏溫度）........ 70g

司康頂 _ 烘焙前

- 中筋麵粉 .... 適量

材料重點

- 可用等量洋蔥末替代青蔥。洋蔥應先炒香：熱鍋中加少許油，先加入 1 ~ 2 小匙的砂糖，等糖融成焦糖，再加入洋蔥丁成焦糖洋蔥，冷卻後就可使用。
- 喜歡豬油香氣的，可以利用豬油製作青蔥司康。依照食譜比例，以豬油 41 公克替代無鹽奶油。

份量 Quantity

8 個切割成形的方形司康

製作步驟 Directions

1 **材料 A 過篩**：中筋麵粉、泡打粉、鹽、黑胡椒粉，先混合後再過篩。

2 **手搓奶油**：加入切成小塊的無鹽奶油，手動操作，使用指尖將奶油與乾粉搓合成粗砂狀。

3 **拌入蔥花**：使用叉子略微拌合。

4 **倒入鮮奶**：加入鮮奶後，用叉子拌合成團。

5 **翻與折**：工作檯上略撒手粉（食譜份量外）。以刮板協助進行麵團翻與折動作。
TIP：適度用鮮奶或是麵粉調節麵團的乾濕度。

6 **整形．切割**：輕輕將麵團整形成中央略高、邊緣略低、20 x 10 公分的長方形麵餅狀。先撒少許麵粉後，再用利刀將麵團分割成 8 塊司康。

7 **入烤盤．篩麵粉**：將司康放在鋪好烘焙紙的烤盤上，中間留下間距。利用篩子在司康頂部篩上少許麵粉。完成後入爐烘焙。

烘焙 Baking

烘焙溫度	190℃，上下溫。
烤盤位置	烤箱中層，正中央。使用網架。
烘焙時間	20 ~ 22 分鐘，應依照司康的厚度與大小調整烘焙時間。烤到司康頂部與邊緣均勻呈現淡褐色。
出爐靜置	出爐的司康先留在烤盤上 10 分鐘，再放在網架上冷卻。

寶盒筆記 Notes

青蔥司康香氣迷人，適合溫熱享受。

食材中的鹽與黑胡椒粉是青蔥司康的調味料。天然海鹽的風味與研磨成碎末的黑胡椒，都能為青蔥司康增添風味層次。

青蔥司康的頂部只有撒上麵粉，烘焙後的司康色澤比較淡。可以略微拉長烘焙時間 3 ～ 5 分鐘，烤出麵粉與青蔥香氣，滋味更好。

用切塊方式呈現的青蔥司康樸實可愛，風味中有中式蔥餅與蔥燒餅的影子。

芒果杏仁糖司康 淋香橙糖霜

MANGO AND MARZIPAN SCONES WITH ORANGE GLAZE

疊起芒果與杏仁糖膏，疊起層層鬆綿深深滋潤，
與柔軟蛋糕一致的口感與觸動。
與奶油揉合成一體的杏仁糖膏，以蜜以濃走入芒果司康的專一，
香橙糖霜的存在是為了守護這份專一。

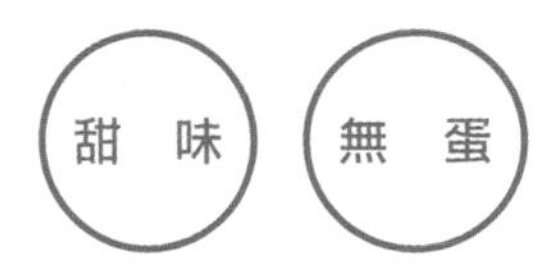

材料 Ingredients

司康

杏仁糖膏 Marzipan（刨絲）.................. 80g

A
- 中筋麵粉 170g
- 泡打粉 .... 1½ 小匙
- 鹽 .... ¼ 小匙
- 細砂糖 20g

無鹽奶油（冷藏溫度）............................ 50g

B
- 全脂希臘優格（冷藏溫度）.................. 115g
- 阿瑪雷托杏仁利口酒 Amaretto .... 2 小匙

冷凍芒果丁塊 .... 果肉淨重 100g

司康頂 _ 烘焙前

全脂希臘優格（冷藏溫度）......... 1 ～ 2 小匙
杏仁片 .... 15 ～ 20g

香橙糖霜 _ 烘焙後

糖粉 .... 3 大匙
新鮮柳橙汁 .... 1 小匙

材料重點

- 所使用的是新鮮芒果，取果肉切成丁塊後，放入夾鏈袋，在冰箱中冷凍直到完全結凍成冰果。冷凍芒果丁只有在進入階段步驟的操作時才從冷凍庫中取出。
- 阿瑪雷托杏仁利口酒（Amaretto）是一種義大利的利口酒（Liqueur），作為芒果杏仁糖司康的香精使用。也可用 ½ 小匙杏仁精，或是 ½ 小匙香草精來替代。
- 全脂希臘優格可以用酸奶油（Sour cream）或是動物鮮奶油 35%，等量替換。希臘優格與酸奶油比動物鮮奶油所含乳脂肪都較低，兩者都給予司康很棒的潤澤與輕盈感。

份量 Quantity

8 個切割成形的長方形司康

1 **杏仁糖膏刨絲**：將塊狀的杏仁糖膏先刨成細絲，備用。

2 **材料 A 過篩後加入杏仁糖膏**：中筋麵粉、泡打粉、鹽、細砂糖混合過篩後，加入刨絲的杏仁糖膏混合，用手指將杏仁糖膏盡可能搓開讓它均勻散布在乾粉中。

3 **手搓奶油**：加入切塊的無鹽奶油，與含杏仁糖膏的粉質食材用手搓成粗砂狀。

4 **加入拌合的材料 B 和芒果丁**：先將阿瑪雷托杏仁利口酒倒入希臘優格中略微攪拌均勻，接著放入切成丁塊狀的冷凍芒果。
TIP：芒果丁直接從冷凍室取出使用，不需要回溫。

5 **拌合**：用叉子將所有食材輕輕拌合，完成時會成質地不均勻的小團塊狀。

6 **翻折・整形**：工作檯上撒少許手粉，用手先將麵團輕輕壓平，以刮板協助進行麵團翻與折動作。翻折疊步驟後，將麵團整形成約 16 x 12 公分的長方形麵餅狀後，輕輕壓平。

7 **切割**：將麵團用刀等切成 8 塊，放入鋪好烘焙紙的烤盤上，中間留下間距。

8 **頂部刷希臘優格與裝飾**：在司康頂部刷上希臘優格，再將杏仁片撒在司康頂部。完成後入爐烘焙。

烘焙 Baking

| 烘焙溫度 | 210℃，上下溫。
| 烤盤位置 | 烤箱中層，正中央。
| 烘焙時間 | 15～17分鐘，應依照司康的厚度與大小調整烘焙時間。烤到頂部呈現明顯金黃色澤，周邊上色均勻。
| 出爐靜置 | 出爐的司康先留在烤盤上10分鐘，再放在網架上冷卻。
| 烘焙後裝飾 | 糖粉中加入新鮮橙汁用小湯匙拌合均勻，用小湯匙將香橙糖霜以線狀淋上司康作為裝飾。留意需等司康完全冷卻才淋糖霜，司康還有熱度時會融解糖霜，糖霜雖不明顯，糖霜的滋味會被留下來。

寶盒筆記 Notes

加入液態食材與冷凍芒果後的麵團，必須在最短的時間完成翻折疊與整形切割的步驟，操作盡可能快速與輕柔，避免重壓或是擀壓，建議用手整形，並立刻入爐。麵團成大團塊就可以，因為芒果會在室溫中回溫軟化，操作時間越長會越加濕黏，越濕黏越難操作。切割前先在刀面撒點麵粉，可以防止沾黏。

麵團升溫時，應立刻放進冰箱冷凍，直到麵團中的奶油固化。使用冷凍果實的司康麵團，如希望降溫只能以冷凍方式，不能用冷藏方式，以避免冷凍果實在冷藏過程中逐步解凍。

【杏仁糖膏】

- 杏仁糖膏，英文：Marzipan，是一種在歐洲國家常見的甜味糖膏，主要成份是杏仁磨成的細粉、糖粉、蜂蜜、玫瑰水或是杏仁油等製成。
- 杏仁糖膏可作為糕點內餡、蛋糕裝飾，甚或是和入麵包或餅乾的麵團、蛋糕的麵糊內餡，增加蛋糕點心麵包的風味。利用杏仁糖膏製作的糕點經常在聖誕節與新年期間傳統糕點上出現，例如杏仁糖膏史多倫、聖誕水果蛋糕……。
- 除此之外，杏仁糖膏常被直接利用製作成糖球或是可食用的裝飾造型糖果；杏仁糖膏與巧克力組合的巧克力杏仁糖膏糖球，大概是最受喜愛的糖球，奧地利知名的莫札特巧克力糖球中也有杏仁糖膏的身影。
- 杏仁糖膏本身有糖，有甜味。某些杏仁糖膏的糖分比例超過60%，甜度也較高，可以在烘焙前先品嚐看看杏仁糖膏的風味，如希望降低甜度可省略食譜中的細砂糖。完全省略糖，司康的質地會略有不同。

【糖霜】

- 香橙糖霜擁有新鮮柳橙汁的酸與香以及糖粉的淺甜，建議用小湯匙線狀淋上，不要將糖霜全部鋪蓋在司康上，在視覺與口感上都更為宜人。

- 如想搭配其他糖霜如檸檬糖霜，或是阿瑪雷托杏仁利口酒糖霜，只需將柳橙汁等量替換成其他果汁或是利口酒就能完成，不同的糖霜能帶給司康不同的豐富口感，真的很迷人。

多多莓果司康 淋檸檬糖霜

VERY BERRY SCONES WITH LEMON GLAZE

魅力無限的綜合莓果結合酸美無邊的檸檬糖霜，
記憶夏日山園的情意，記憶風捲著雲遠去的當時，
記憶伴著咖啡的深褐眼瞳，記憶緊緊擁別時攥在心尖的依依。

材料 Ingredients

司康

新鮮檸檬皮 .... 1 個檸檬
細砂糖 50g
A | 中筋麵粉 160g
A | 泡打粉 .... 1¼ 小匙
A | 鹽 .... ⅛ 小匙
無鹽奶油（冷藏溫度）................ 50g
B | 香草精 .... 1 小匙
B | 動物鮮奶油 35%（冷藏溫度）..... 90g
冷凍綜合莓果（小顆粒） 150g
中筋麵粉 .... 1 大匙

司康頂 _ 烘焙前

動物鮮奶油 35%（冷藏溫度）. 1 小匙

檸檬糖霜 _ 烘焙後

糖粉 .... 適量
新鮮檸檬汁 .... 適量

材料重點

冷凍的綜合莓果來自超市冷凍櫃中的冷凍食材。使用其他冷凍的莓果，如藍莓、覆盆子、蔓越莓、黑醋栗、紅醋栗……也可以；食材比例相同，操作步驟與手法也相同。以較酸的莓果製作時，應略增糖量均衡味感。

份量 Quantity

8 個切割成形的長方形司康

製作步驟 Directions

1 **製作檸檬砂糖**：將新鮮檸檬刨下檸檬皮混合細砂糖，用手指將檸檬皮與砂糖略微搓揉，備用。

TIP：只需刨下表層的檸檬皮，避免皮下白色帶苦味的部分。建議使用有機檸檬，使用前用溫水洗淨、擦乾。

2 **材料 A 過篩後加入檸檬砂糖**：中筋麵粉、泡打粉、鹽混合與過篩後，加入檸檬砂糖混合均勻。

3 **手搓奶油**：加入切塊的無鹽奶油，將奶油與乾性食材用手搓成粗砂狀。

4 **加入材料 B 後拌合**：香草精與鮮奶油用叉子先攪拌均勻再加入。全部食材用叉子拌合成類似麵疙瘩的小團塊狀。

5 **冷凍莓果與 1 大匙中筋麵粉混合**：盡量讓麵粉裹住莓果。冷凍的莓果只有在進入階段步驟時才從冷凍室內取出，將顆粒過大的莓果撥散開。

TIP：冷凍莓果使用前不用清洗，也不用回溫，直接從冷凍室取出使用。莓果的體積小，果實多汁，回溫速度快，也非常嬌嫩。操作莓果時手要輕，盡可能避免弄破莓果外皮，就能保持莓果的完整與麵團的乾淨色澤。

6 **翻折後加入莓果**：以刮板協助進行麵團翻與折動作。麵團經過翻折疊步驟後，輕輕壓平成麵餅狀。將已裹麵粉的莓果盡可能散落開，平鋪在麵餅上後，小心地將麵餅密合捲起，收口朝下。

7 **整形．切割**：輕壓整形成約 20 x 5 公分長方塊狀，共切成 8 塊長方形司康。放入鋪好烘焙紙的烤盤上，中間留下間距。

8 **頂部刷鮮奶油**：在司康頂部刷上鮮奶油兩次。完成後入爐烘焙。

烘焙 Baking

| 烘焙溫度 | 200℃，上下溫。

| 烤盤位置 | 烤箱中層，正中央。

| 烘焙時間 | 16 ～ 20 分鐘，應依照司康的厚度與大小調整烘焙時間。烤到頂部呈現明顯金黃色澤，周邊上色均勻。

| 出爐靜置 | 出爐的司康先留在烤盤上 10 分鐘，再放在網架上冷卻。

| 烘焙後裝飾 | 糖粉中加入新鮮檸檬汁，用小湯匙拌合均勻，在冷卻的司康上，用小湯匙將檸檬糖霜以線狀淋上司康作為裝飾。若司康還沒有完全散熱，糖霜會因而被融化成透明色澤，糖霜的線條不明顯，但是檸檬糖霜的滋味會留在司康上。

寶盒筆記 Notes

為什麼將莓果鋪平在司康麵團上，再捲起切割？

在實驗食譜階段，食材比例與滋味在第一次嘗試時就讓人非常喜歡，不過，破碎的莓果讓麵團染色，而致使司康無法擁有令人滿意的外觀。

嘗試在不同階段步驟中加入莓果，嬌嫩的莓果一旦經過拌合與折疊，無論多麼小心翼翼都難以避免讓莓果破碎，當果汁滲入麵團就會讓麵團染色，再加上果汁的水分也會讓麵團與莓果分離，影響麵團結合，進而影響司康成型。

如採用先完成麵團翻折步驟，讓司康擁有所需要的層次，之後再加入莓果：將莓果鋪平且盡可能不重疊，在略微緊密捲起後（捲捲間要稍微密合，不要留空隙），莓果均勻分布在麵團間，不壓不擠，直接切割後烘焙，司康質地與乾濕程度就能達到理想。

鋪平莓果時，太大顆的莓果要剝小塊一點，避免莓果重疊或是聚集在一起，就不會因為烘焙時莓果爆漿，聚集莓果的地方會特別濕潤而有凹陷的外觀。

多多莓果司康的造型上，因鮮果水分含量，不適合使用壓模切割。如用製作美式餅乾的 Drop 方式：直接用湯匙舀出一定份量的麵團後放在烤盤上，讓司康自由成型，也是一種方法。

份量不多、製作也非常簡易的檸檬糖霜，給予多多莓果司康畫龍點睛的風味層次，有機會一定要試試比較與體會淋與不淋上檸檬糖霜兩者間的差異。

藍莓司康 淋檸檬糖霜

BLUEBERRY SCONES WITH LEMON GLAZE

藍莓的最愛，檸檬承受；藍莓的淚珠，糖霜明白。

材料 Ingredients

司康

	新鮮黃檸檬皮	1 個檸檬
	細砂糖	40g
A	中筋麵粉	160g
A	泡打粉	1¼ 小匙
A	鹽	¼ 小匙
	無鹽奶油（冷藏溫度）	30g
B	全蛋蛋汁（冷藏溫度）	35g
B	全脂鮮奶（冷藏溫度）	35g
	冷凍藍莓	90 ～ 100g

司康頂 _ 烘焙前

蛋黃（冷藏溫度） 10g
清水 .... 數滴
細砂糖 .... 1 小匙

檸檬糖霜

糖粉 35g
新鮮檸檬汁 .... ½ ～ ¾ 小匙

材料重點

新鮮藍莓洗淨擦乾後放入夾鏈袋，在冰箱冷凍直到凍成冰果。冷凍藍莓只有在進入階段步驟的操作時才從冷凍庫中取出。用冷凍的蔓越莓或冷凍的覆盆子取代來製作，也會很好吃。

份量 Quantity

8 個切割成形的三角形司康

製作步驟 Directions

1 **製作檸檬砂糖**：將新鮮檸檬刨下檸檬皮混合細砂糖，用手指將檸檬皮與砂糖一起搓揉，讓砂糖裹住有油脂的檸檬皮屑，保持檸檬的新鮮香氣，備用。（如圖 A）
TIP：刨檸檬皮時只需刨下表層的皮層，避免皮下白色帶苦味的部分。建議使用有機檸檬，使用前用溫水洗淨、擦乾。

2 **材料 A 過篩後加入檸檬砂糖**：中筋麵粉、泡打粉、鹽混合過篩後，加入檸檬砂糖混合均勻。

3 **手搓奶油**：加入切塊的無鹽奶油後，將奶油與乾性食材用手搓成粗砂狀。
TIP：測試方法：手緊握後放開會結合成團，就表示完成。

4 **加入材料 B 後拌合**：蛋汁與鮮奶先攪拌均勻，加入後用叉子拌合。完成時會成質地不均勻的小團塊狀。（如圖 B、C）

5 **加入冷凍藍莓後翻折**：工作檯上撒少許手粉，用手先將麵團輕輕壓平，將冷凍藍莓平鋪在麵團上後包起，開始以刮板協助進行麵團翻與折動作。（如圖 D）
TIP：藍莓是從冰箱冷凍室取出直接使用，不需回溫。加入藍莓後，要盡可能盡快輕輕操作，避免重壓或是擀壓擠碎藍莓或破壞藍莓的外皮，最好用手整形，藍莓的外皮一旦爆開流出果汁，麵團會變得黏手，會增加操作上的難度。

6 **整形・切割**：翻折疊步驟後，將麵團整形成直徑約 18 公分的圓形麵餅狀，輕輕壓平，用刀切米字成 8 塊。放入鋪好烘焙紙的烤盤上，中間留下間距。（如圖 E）

7 **頂部刷蛋黃液與撒砂糖**：蛋黃中加入數滴清水攪拌，刷在司康頂部兩次。再將砂糖撒在司康頂部。完成後入爐烘焙。（如圖 F）

烘焙 Baking

烘焙溫度	210℃，上下溫。
烤盤位置	烤箱中層，正中央。
烘焙時間	14 ～ 17 分鐘，應依照司康的厚度與大小調整烘焙時間。烤到頂部呈現明顯金黃色澤，周邊上色均勻。
出爐靜置	出爐的司康先留在烤盤上 10 分鐘，再放在網架上冷卻。
烘焙後裝飾	糖粉中加入新鮮檸檬汁，用小湯匙拌合均勻後，在冷卻的藍莓司康上，用小湯匙將檸檬糖霜以線狀淋上作為裝飾。還沒有完全散熱的藍莓司康會融解檸檬糖霜，雖留住滋味，但讓糖霜的線條不明顯。

寶盒筆記 Notes

為什麼將藍莓留到麵團整形前才加入？

等乾濕食材拌合結束後才加入藍莓，可以避免拌合的操作方式破壞藍莓皮層，能夠保持藍莓的完整，就不會因爆開的藍莓讓司康麵團因此被染色並讓麵團的濕度過高。藍莓爆漿的效果要留在烘焙段，讓鬆美的司康包覆著每一滴藍莓最美的淚珠。

冷凍的果實，特別是莓果，體積小，質地軟，回溫很快，操作時建議要輕與快。烤箱預熱的溫度要到位，操作完畢馬上入爐烘焙定型。

新鮮檸檬的皮在這款司康食譜中是食材，也作為主導司康風味的主香料。省略檸檬，風味不同。如果不是檸檬季節，別忘了加半支香草莢，或是用香草精替代。

檸檬糖霜的魅力在於新鮮檸檬汁與糖粉結合後的微酸與淺甜的組合，線狀淋上司康，並不會覆蓋整個頂部，品嚐得到檸檬糖霜搭配藍莓司康的特殊，卻不會產生過度甜膩的口感。不淋檸檬糖霜當然可以，不過，錯過檸檬糖霜或也算是藍莓司康的小遺憾。

香橙優格司康

ORANGE YOGURT SCONES

橙皮作為香料，優格給予滋潤，
以蛋糕方式呈現，飽含空氣感的鬆綿口感。

材料 Ingredients

司康

新鮮柳橙的橙皮 .... 1 個柳橙
細砂糖 40g

A
- 中筋麵粉 160g
- 泡打粉 .... 1½ 小匙
- 鹽 .... ¼ 小匙

無鹽奶油（冷藏溫度）............... 40g

B
- 原味全脂優格（冷藏溫度）........ 70g
- 蛋黃（冷藏溫度）..................... 1 個

司康頂 _ 烘焙前

原味全脂優格（冷藏溫度）.... 2 大匙
柳橙（切薄片）......................... 8 片
細砂糖 .... 2 小匙

司康頂 _ 烘焙後

糖粉 .... 適量

份量 & 模具 Quantity & Bakeware

8 片入蛋糕模成形的司康
（直徑 22 ～ 24 公分蛋糕烤模）

製作步驟 Directions

1 **製作橙皮砂糖**：將新鮮柳橙刨下橙皮的皮屑混合細砂糖，用手指將橙皮與砂糖略微搓揉，備用。（如圖 A）
TIP：刨橙皮時只要需刨下表層的橙皮，避免皮下白色帶苦味的部分。建議使用有機柳橙，使用前用溫水洗淨、擦乾。

2 **材料 A 過篩後與奶油搓合**：中筋麵粉、泡打粉、鹽混合過篩後，加入切塊的奶油，用指尖將奶油與乾粉搓合成粗砂狀。（如圖 B）

3 **加入橙皮砂糖與材料 B**：加入橙皮砂糖混拌後，加入優格與蛋黃，用叉子翻拌食材成團塊狀。（如圖 C、D）

4 **翻折疊砌・整形・切割**：在工作檯上，以刮板協助進行麵團翻折疊砌動作後，將麵團輕輕平壓成直徑約 18 公分的厚餅狀，切割成米字狀，共 8 塊司康。放入鋪好烘焙紙的蛋糕烤模中，中間留下間距。

5 **頂部刷優格與裝飾**：司康頂部刷上優格，再於每片司康上鋪上柳橙片、撒上少許細砂糖。完成後入爐烘焙。（如圖 E、F）

烘焙 Baking

｜烘焙溫度｜ 200℃，上下溫。（或是 180℃，旋風功能）
｜烤盤位置｜ 烤箱中層，正中央。
｜烘焙時間｜ 24 ～ 27 分鐘，應依照司康的厚度與大小調整烘焙時間。烤到頂部呈現明顯金黃色澤。
｜出爐靜置｜ 出爐的司康先留在烤模中 10 分鐘後再脫模，並將司康移放在網架上冷卻。
｜烘焙後裝飾｜ 等司康略微冷卻後撒上糖粉，或在食用前撒上糖粉。

寶盒筆記 Notes

有著濃郁柳橙香氣並鬆美潤口的香橙優格司康，是藉著蛋糕烤模定型烘焙完成的司康。不同於其他司康切片烘焙的方式，完成的司康保有更佳的滋潤度。也由於烤模緣故，所需的烘焙時間會比分割後烘焙的司康長。

司康雖然經過切開後才放入烤模，食材中泡打粉與優格作用會讓司康擴散與膨高，在完成的時候，司康與司康之間已經沒有分隔，是完全連在一起的。水分含量較高的司康食譜，司康比較容易在高溫烘焙時攤平，都可以嘗試藉烤模或是模型輔助司康定型的烘焙方式製作。

以新鮮的柳橙片裝飾司康，帶給司康更豐潤的橙橘口感與香氣，烘焙前在新鮮柳橙片上撒上細砂糖，可以幫助柳橙片保持水分不因高溫烘焙而變得乾燥。

以蛋糕方式所呈現的司康，也有家人親友同享的意義。圍坐在笑聲滿庭園的院子中，簡單用手掰開取食，正是司康所傳達的自由自在與無拘無束的歡樂氣氛。

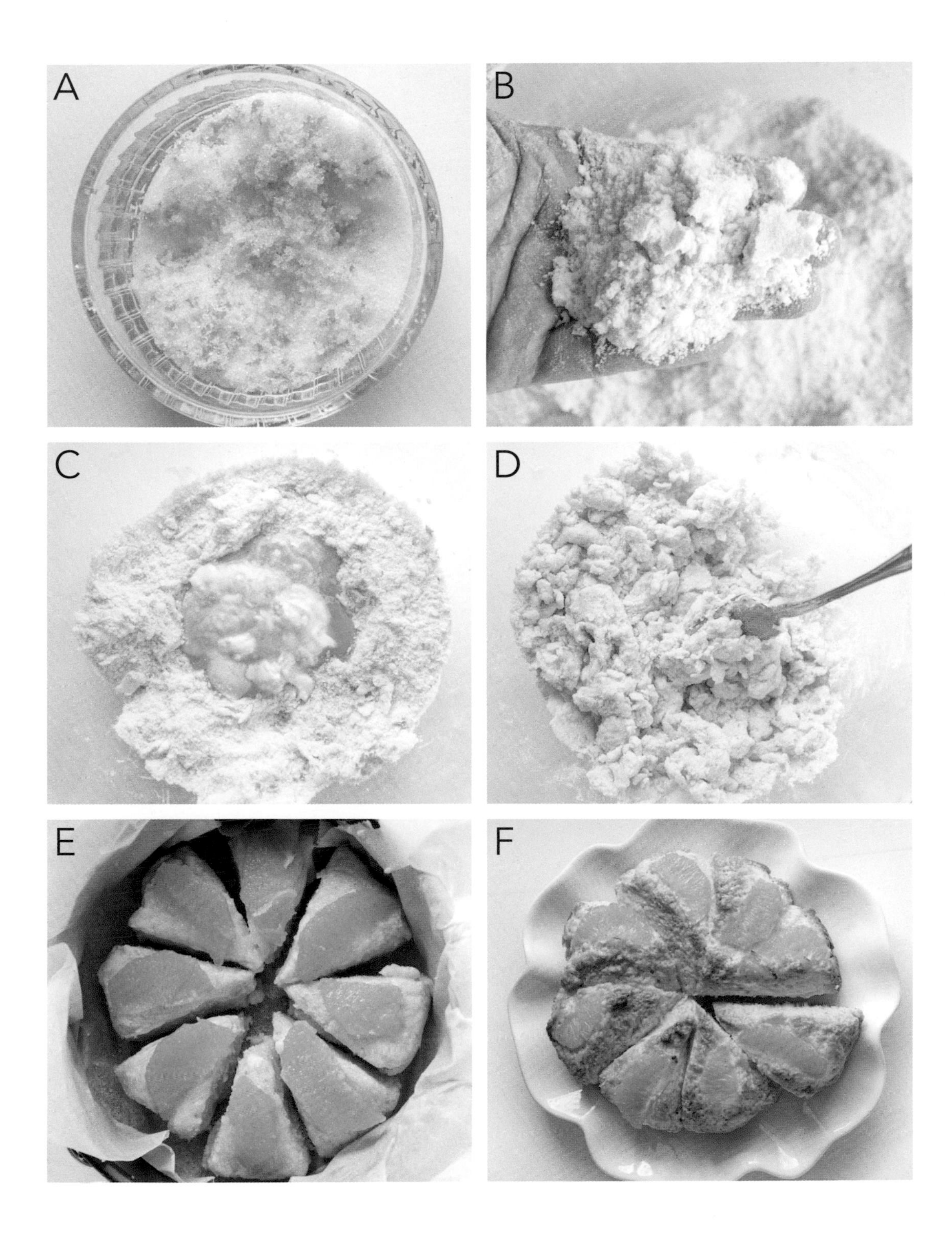
A
B
C
D
E
F

迷迭香蘋果
埃文達起司司康

ROSEMARY, APPLE AND EMMENTAL CHEESE SCONES

迷迭香，洞悉蘋果的七分酸美；
蘋果，深諳埃文達起司的十分醇香。

材料 Ingredients

司康

	材料	份量
	蘋果（去皮切絲浸鹽水）	淨重 145g
A	中筋麵粉	110g
A	低筋麵粉	60g
A	泡打粉	1½ 小匙
A	鹽	¼ 小匙
	無鹽奶油（冷藏溫度）	30g
	埃文達起司絲 Emmental（冷藏溫度）	80g
	核桃碎粒	20g
	迷迭香 Rosemary（新鮮或乾燥）	½ 小匙
	動物鮮奶油 35%（冷藏溫度）	120g

司康頂 _ 烘焙前

動物鮮奶油 35% 或全蛋蛋汁（冷藏溫度）...... 1 ～ 2 小匙
迷迭香（新鮮或乾燥）...... 適量

份量 Quantity

9 個切割成形的長方形司康

製作步驟 Directions

1 **蘋果切絲泡鹽水**：去皮後切短的細絲，浸入鹽水中約 10 分鐘，撈起蘋果絲後確實瀝乾，備用。（如圖 A）
TIP：鹽水 = 冷清水 100g + 鹽 1 小匙（食材均為份量外）

2 **材料 A 過篩後加入奶油**：中筋麵粉、低筋麵粉、泡打粉、鹽混合後過篩，再加入切塊的無鹽奶油。（如圖 B）

3 **手搓奶油**：用指尖將奶油與乾粉搓合成粗砂狀。

4 **加入其他食材翻拌**：依序加入蘋果絲、埃文達起司絲、核桃碎、迷迭香後，用叉子翻拌均勻。（如圖 C、D）
TIP：蘋果絲需確實瀝乾後使用。

5 **加入鮮奶油拌合**：用叉子拌合完成的麵團乾濕不均勻、質地不平滑，這是正確的麵團狀態。（如圖 E）

6 **翻與折・整形・切割**：以刮板協助進行麵團翻與折動作。完成翻折步驟後，輕輕平壓成長方形，厚度約 2.0 ～ 2.5 公分。用刀等切成 9 個長方形塊狀。將司康放在鋪好烘焙紙的烤盤上。中間留下間距。

7 **頂部刷鮮奶油或全蛋汁與裝飾**：示範全蛋汁。在司康頂部刷上全蛋汁兩次，可以稍微刷厚一點。在每個司康的頂部放上新鮮的迷迭香。完成後入爐烘焙。（如圖 F）

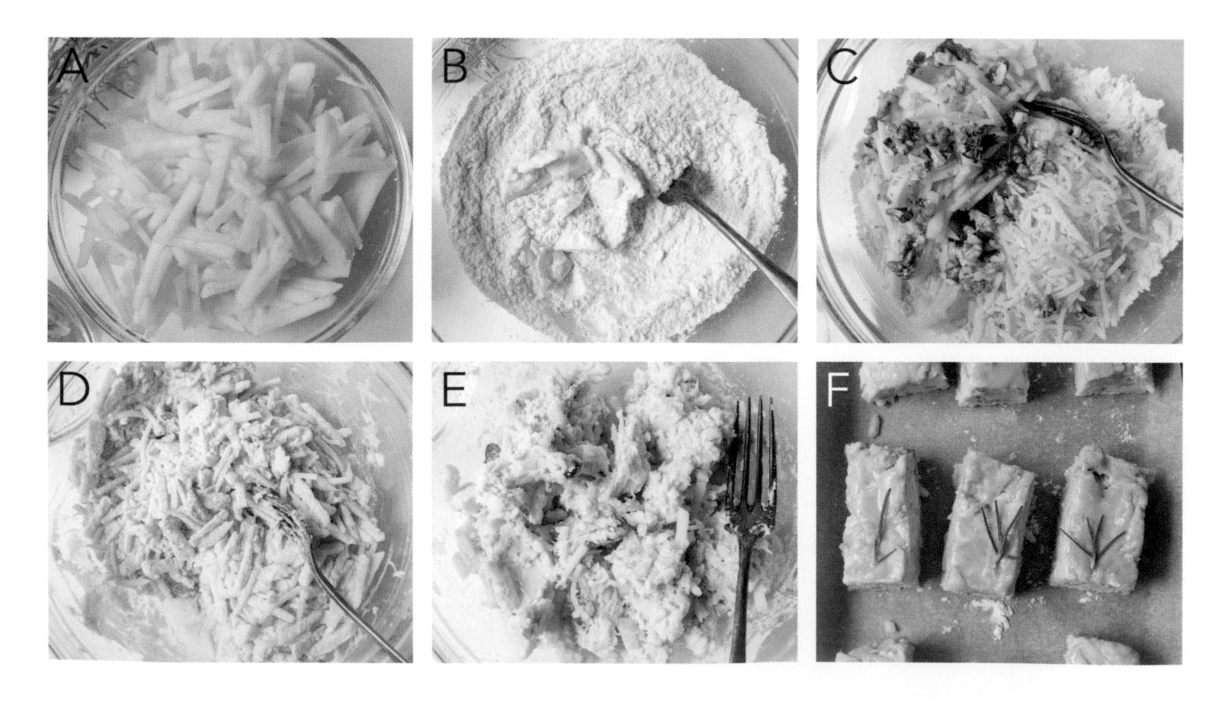

烘焙 Baking

| 烘焙溫度 | 200℃，上下溫。

| 烤盤位置 | 烤箱中層，正中央。

| 烘焙時間 | 16 ～ 18 分鐘，應依照司康的厚度與大小調整烘焙時間。烤到頂部呈現明顯金黃色澤，周邊上色均勻。

| 出爐靜置 | 出爐的司康先留在烤盤上 10 分鐘，再放在網架上冷卻。

寶盒筆記 Notes

【蘋果】

- 酸味較為明顯、新鮮脆度高、果肉緊實、不易出水的蘋果，是我製作糕點時喜歡使用的蘋果。
- 蘋果富含鐵質，去皮與切開的蘋果果肉與空氣中的氧產生酶促褐變（Enzymatic Browning），會讓蘋果切片像是生鏽一樣變成褐色。
- 防止蘋果片、蘋果絲褐變的方法，除了浸泡鹽水外，拌入檸檬汁或柳橙汁都可以幫助切開的蘋果保持自然色澤。浸泡鹽水的時間長，蘋果會因此帶有鹹味；檸檬汁讓蘋果帶有檸檬的酸味，柳橙汁會讓蘋果變橙色，比較適合於甜點的製作。
- 迷迭香蘋果埃文達起司司康是一個鹹味食譜，依食譜風味，浸泡鹽水的方法，比較合適。若不介意蘋果的褐色，不浸泡鹽水，當然也可以。
- 蘋果切絲的長短大小約與刨絲的埃文達起司相當，稍微細短，比較易於整形與切割。

【起司】

- 不同地域環境所生產出品的乾酪起司都各有其獨特風味。知名的乾酪起司除了埃文達起司之外，熟成期達 60 天以上的切達乾酪（Sharp Cheddar Cheese）、蒙特利傑克乾酪（Natural Monterey Jack Cheese）、瑞士起司（Swiss Cheese）、高達乾酪（Gouda Cheese）……高品質優質乾酪都是上選。
- 食譜中使用的起司屬於水分含量低於 45% 的半硬質乾酪。水分高的軟質起司，如莫札瑞拉起司（Mozzarella），會讓麵團較為黏手，司康外型比較扁平。

可以全部使用中筋麵粉操作。不同筋度的麵粉，不同的組合比例，帶給司康的口感也略有不同，大家可以自己嘗試看看。

迷迭香蘋果埃文達起司司康的主食材中，並沒有雞蛋。如果不希望使用雞蛋，入爐前刷司康可用動物鮮奶油替代。刷全蛋汁，會給予司康雞蛋的香氣，烘焙後上色的色澤也比較深比較漂亮。

威廉斯梨司康

WILLIAMS PEAR SCONES

威廉斯梨的鈴型身軀裡所帶著的無塵清纖，
能夠揭開記憶深處與聯結著味道的舊日情境：
沙沙澀澀的青歲，多汁柔軟的盛時，蜜潤夾酸的熟年，
走入記憶的味道裡，都充滿歡喜。

材料 Ingredients

司康

	材料	份量
A	中筋麵粉	150g
A	泡打粉	1½ 小匙
A	鹽	1 小撮
A	肉桂粉	½ 小匙
	深色紅糖 Dark brown sugar	45g
	無鹽奶油（冷藏溫度）	50g
	威廉斯梨（果肉切丁）	110g
B	全蛋蛋汁（冷藏溫度）	35g
B	酸奶油 Sour cream（冷藏溫度）	80g

司康頂 _ 烘焙前

- 全蛋蛋汁（冷藏溫度）……1 ～ 2 小匙
- 威廉斯梨（連果皮切薄片）……適量

份量 Quantity

8 個切割成形的方形司康

> **材料重點**
> 酸奶油可以選擇市售或自己製作。
>
> **食材：**
> 檸檬汁或是白醋 ... 1 小匙 · 動物鮮奶油 35% ... 120g · 全脂鮮奶 ... 30g
>
> **步驟：**
> (1) 準備一個經過高溫殺菌的有蓋玻璃容器，將檸檬汁加入動物鮮奶油中先攪拌均勻後，再倒入鮮奶拌合均勻。
> (2) 蓋上蓋子後用力搖瓶子，留在20℃的室溫中靜置約24小時後，再次拌勻，就是酸奶油。
> (3) 24 小時完成發酵後，放入冰箱冷藏，可保鮮 10 天到 14 天的時間。
>
> 只需要記得，鮮奶一份是 30 公克，鮮奶油的比例是鮮奶的 4 倍，也就是 120 公克，需要 1 小匙的檸檬汁或是白醋。

製作步驟 Directions

1 **材料 A 過篩後加入紅糖與奶油**：中筋麵粉、泡打粉、鹽、肉桂粉先混合過篩後，加入深色紅糖與切塊奶油。（如圖 A）

2 **手搓奶油**：將奶油與乾性食材搓成粗砂狀。（如圖 B）

3 **威廉斯梨泡鹽水後切丁**：取適量的鹽溶於清水中（鹽與清水皆為食材份量外），將削皮去核後的威廉斯梨浸泡在鹽水中，保持梨肉色澤，避免因氧化而變色，數分鐘後撈起瀝乾後，切成小丁或是小片狀。（如圖 C）

4 **加入材料 B 與威廉斯梨**：蛋汁與酸奶油先攪拌均勻，保留約 2 大匙作為調節麵團之用。將蛋汁酸奶油與威廉斯梨加入後，用叉子將所有食材拌合。（如圖 D、E）

5 **拌合食材**：略微成團就停止攪拌，完成時會成質地不均勻的小團塊狀。麵團因為鮮果的緣故會比較潮濕。（如圖 F）

6 **翻折．整形**：工作檯上撒少許手粉，用手先將麵團輕輕壓平，開始以刮板協助進行麵團翻與折動作。翻折疊步驟後，將麵團輕輕壓平，整形成 16 x 8 公分的長方形麵餅狀。

7 **切割**：將麵餅橫放，橫切一刀，中線對切後，左右再次對切，共切成 8 塊正方形司康。放入鋪好烘焙紙的烤盤上，中間留下間距。

TIP：以製作美式餅乾方式，用大湯匙舀出麵糊放在烤盤上，任由司康自由成形的 Drop Scones，也是種快速也簡單的司康製作方式。

8 **頂部刷全蛋液．裝飾梨片**：先將全蛋液刷在司康頂部後，將帶皮的薄梨片放上去作為裝飾。完成後入爐烘焙。

TIP：用刀平行橫切帶皮的威廉斯梨成薄片，我使用的是威廉斯梨的頂端，較大片的梨片可以再片開。

烘焙 Baking

烘焙溫度	190℃，上下溫。
烤盤位置	烤箱中層，正中央。
烘焙時間	18 ～ 22 分鐘，應依照司康的厚度與大小調整烘焙時間。烤到頂部呈現明顯金黃色澤，周邊上色均勻。
出爐靜置	出爐的司康先留在烤盤上 10 分鐘，再放在網架上冷卻。

寶盒筆記 Notes

威廉斯梨司康，除了加入肉桂粉之外，還可搭配以下的天然草本香料與各種酒精飲品，完成各種風味特色的威廉斯梨司康：

- 白蘭地酒、蘭姆酒、威士忌酒、水果利口酒……不同酒精濃度飲品。
- 丁香、月桂、豆蔻、茴香、八角、薑汁或是薑粉……草本香料。
- 核桃、開心果……堅果。

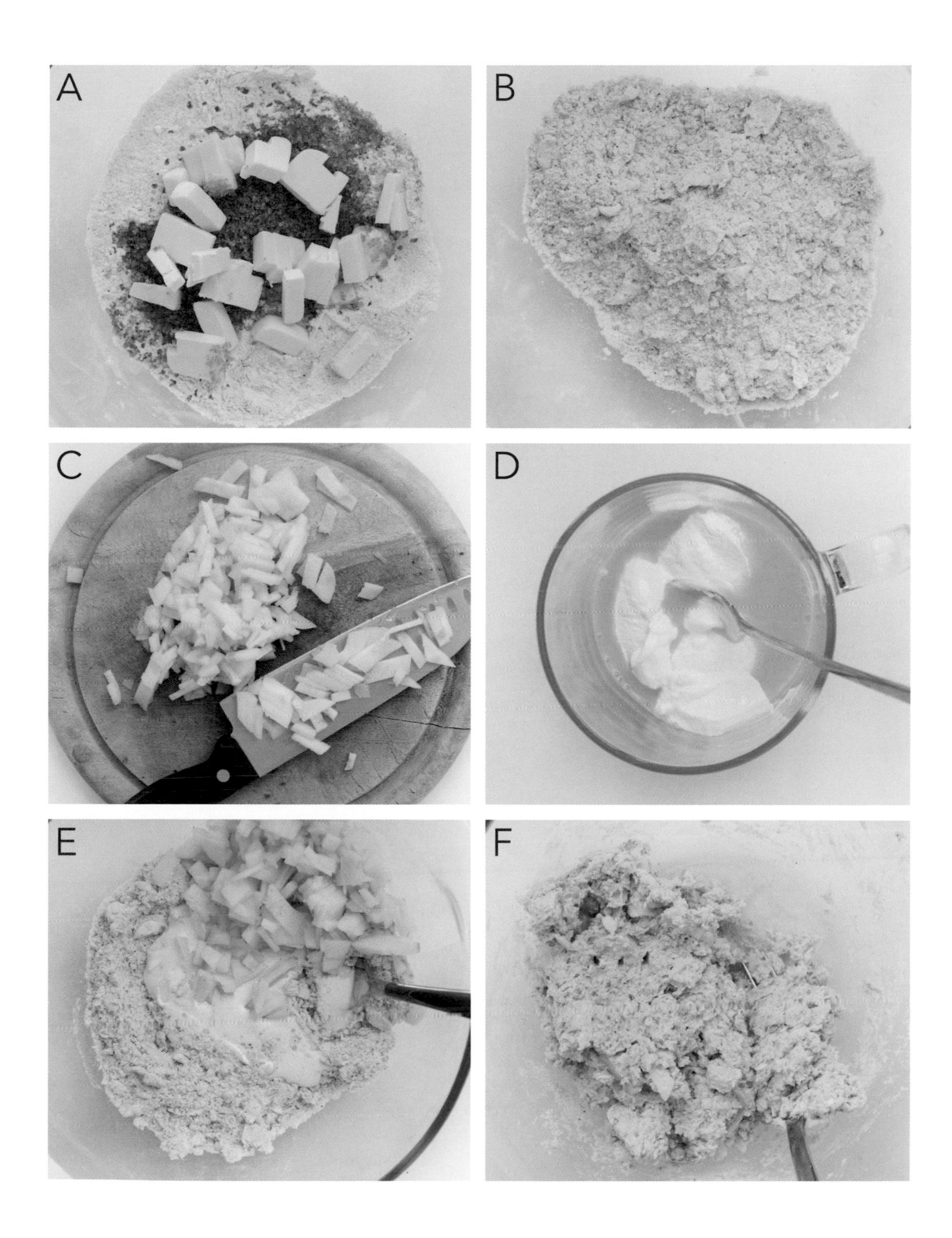
A
B
C
D
E
F

椰蓉香蕉司康

COCONUT AND BANANA SCONES

偷一日悠閒，尋一角安身，
砌一壺新茶，覽一札好書；
備一盤潤心司康，拾一段椰蓉滋味，
藏一抹香蕉甜意，剪一寸似水光陰。

材料 Ingredients

司康

A
- 中筋麵粉 150g
- 泡打粉 .... 1 小匙
- 烘焙蘇打粉 .... ⅛ 小匙
- 鹽 .... 1 小撮

- 無鹽奶油（冷藏溫度） 35g
- 紅糖 Brown sugar 35g
- 乾燥椰子絲 50g
- 新鮮香蕉 .... 果肉淨重 110g
- 椰奶 Coconut milk 70g

司康頂 _ 烘焙前

- 椰奶 .... 1 大匙

份量 Quantity

10 個切割成形的方形司康

製作步驟 Directions

1 **材料 A 過篩後加入奶油**：中筋麵粉、泡打粉、烘焙蘇打粉、鹽混合與過篩後，陸續加入切塊的無鹽奶油、紅糖、乾燥椰子絲。

2 **手搓奶油**：將奶油與其他食材用手搓成粗砂狀。

3 **香蕉與椰奶拌合**：將椰奶倒入香蕉中，邊用叉子將香蕉壓成小的香蕉塊，並與椰奶拌合均勻。

4 **加入香蕉椰奶拌合成團**：用叉子拌合所有食材成團。完成時，質地是大小不均的粗麵團塊狀。

5 **翻折．整形．切割**：以刮板協助進行麵團翻與折動作。翻折疊後，將麵團整形成 18 x 8 公分長方形厚度一致的麵餅狀。先用刀子修整四邊，再切割成 8 ～ 10 塊司康。放入鋪好烘焙紙的烤盤上，中間留下間距。修除剩下的麵團可平行收合後，與切割好的司康一起烘焙。
TIP：如希望烘焙後的司康方整規矩，切割之前修整司康邊的步驟是必要的。細節請見心得筆記。

6 **頂部刷椰奶**：在司康頂部刷上椰奶兩次。完成後入爐烘焙。

烘焙 Baking

| 烘焙溫度 | 200℃，上下溫。
| 烤盤位置 | 烤箱中層，正中央。
| 烘焙時間 | 16 ～ 20 分鐘，應依照司康的厚度與大小調整烘焙時間。
| 出爐靜置 | 出爐的司康先留在烤盤上 10 分鐘，再放在網架上冷卻。

寶盒筆記 Notes

切割成形的司康，不同的切割方法會有不同的外觀與效果。

椰蓉香蕉司康所呈現的是一個方正且平頂的方塊司康外觀，層次特徵與酥爆裂口都在側邊。為了讓司康在烘焙中膨高後保持平整，因此需要在每個司康的四邊都以筆直向下的刀口切斷麵團，這也是為什麼麵團整形後，在切割成塊之前，必須先修切四個邊再切塊，而成四面方方正正的司康塊，在烘焙時四面同時均衡膨高，不會因為一面的麵團黏著而歪斜不平。

或可參考同樣以切割方式製作的「楓糖核桃黑麥司康」，長方形的外觀，只切割三邊，保留一面不修整，完成的司康頂部並不平整，卻也因此擁有非常不同的層次感與豪放爆裂美感。

司康的麵團在整形階段如果頂部留下裂口，在烘焙中泡打粉遇熱作用，麵團內水分與氣體上升會讓原來麵團上的裂口更明顯，甚至因此導致司康上大下小類似蘑菇的外型。司康的外型並不影響司康的味道。

椰蓉香蕉司康是個以香蕉來取代雞蛋的司康食譜。以巧克力布朗尼為例，一根中等大小的香蕉可用於取代一個雞蛋。熟度高、甜度佳的香蕉伴隨椰子芳香，即使沒有加入雞蛋，椰蓉香蕉司康一樣讓人非常喜歡。

‖專欄‖ 鮮果司康的製作要點

使用鮮果製作司康時，最大的挑戰是不同的水果水分含量不同，即使是相同品種而不同產地的蘋果，滋味、甜度、水分都不同。特別是大型果實，如梨子、蘋果、桃子、柑橘等，在去皮與切開後，鮮果容易開始滲出果汁而導致麵團的溼度過高，不但增加司康在整形與切割時的難度，烘焙時也會因高水分比例而導致司康容易攤平，完成的司康外型比較扁實。

調節鮮果司康的水分

製作以鮮果為主食材之一的司康時，建議第一次先加入 7 ～ 8 成液態食材，保留 2 ～ 3 大匙作為調節之用，先觀察麵團的乾濕度後再調整，只有在需要時加入。

處理大型鮮果時，果肉被切得越小，果汁滲出得就越多越快。果肉太大，容易沉澱；加入的鮮果超過一定的比例時，高水分含量的鮮果會影響司康麵團的黏合，即使勉強捏合在一起，烘焙後，鮮果與麵團也會分離開而導致無法成型的問題。

•解決鮮果水分過多的方法有：

①冷凍封鎖水分

家裡如果有急速冷凍庫，可以將切好的水果先急速冷凍，在進入司康拌合鮮果的階段步驟時，才取出鮮果拌合。優點是：經過冷凍的鮮果果肉能保持一定的外型，不會因為流出果汁而影響麵團的比例，減低麵團因果汁而染色的可能性（例如藍莓與覆盆子）。

冷凍的果實，例如藍莓與覆盆子等莓果，如果體積小、質地軟、果實多汁，回溫速度快，操作時建議要輕與快，盡可能避免弄破莓果外皮，就能保持莓果的完整與麵團的乾淨色澤。

②撒麵包粉或餅乾屑保持乾燥

在將鮮果加入麵團前，幫助切塊的鮮果保持某種程度的「乾燥」。可嘗試在切開的鮮果粒或鮮果片上撒一點乾麵包粉或是無油餅乾屑（平常用於製作乳酪蛋糕餅乾底的餅乾就可以），麵包粉與餅乾屑都能吸收水果的水分，讓鮮果保持較長時間的乾燥，加上兩種食材的味道都屬於中性，不至於影響食譜的風味。不過，當切開的鮮果在室溫環境放置超過一定時間的情況，以上的方法都不合適。

鮮果司康的保存

搭配新鮮水果或蔬菜製作的糕餅與點心，味道與口感因為蔬果都比較滋潤，同時也會因為蔬果本身的特性而讓保存期限減短，存放環境的考量更需特別留心。即使以冷凍方式保鮮，終究有其極限；最佳的方式是少量製作，新鮮做、新鮮享受。

CHAPTER

6

以司康，典藏靜好

起司
•
穀物風味

橄欖起司香料司康
OLIVE, CHEESE & HERB SCONES

完美熟成的切達起司與美味黑橄欖，加上黑胡椒與百里香調味，
鹹味辛香，相生相依，也真實，也豐富。

鹹 味　無奶油　無 蛋　無 糖

材料 Ingredients

司康

A	中筋麵粉	150g
A	泡打粉	1¼ 小匙
A	鹽	¼ 小匙
	黑胡椒粉	1 小撮
	乾燥百里香葉	1 小撮
	切達起司 Cheddar cheese（切碎，冷藏溫度）	40g
	黑橄欖（去籽淨重，切片）	30g
	動物鮮奶油 35%（冷藏溫度）	140g

司康頂 _ 烘焙前

動物鮮奶油 35%（冷藏溫度）	2 小匙
切達起司（切碎，冷藏溫度）	30g
乾燥百里香葉	適量

份量 Quantity

8 個切割成形的捲捲司康

1 **材料 A 過篩並加入調味料與香料**：中筋麵粉、泡打粉、鹽混合過篩後，加入黑胡椒粉與百里香葉拌合。

2 **加入切達起司與黑橄欖**：用叉子拌合。

3 **加入動物鮮奶油拌合**：用叉子將所有食材翻拌均勻。完成的麵團呈團塊狀，類似麵疙瘩狀。

4 **手壓麵團**：用手壓麵團成團塊。麵團乾濕合宜、不黏手，不需另外加任何手粉。

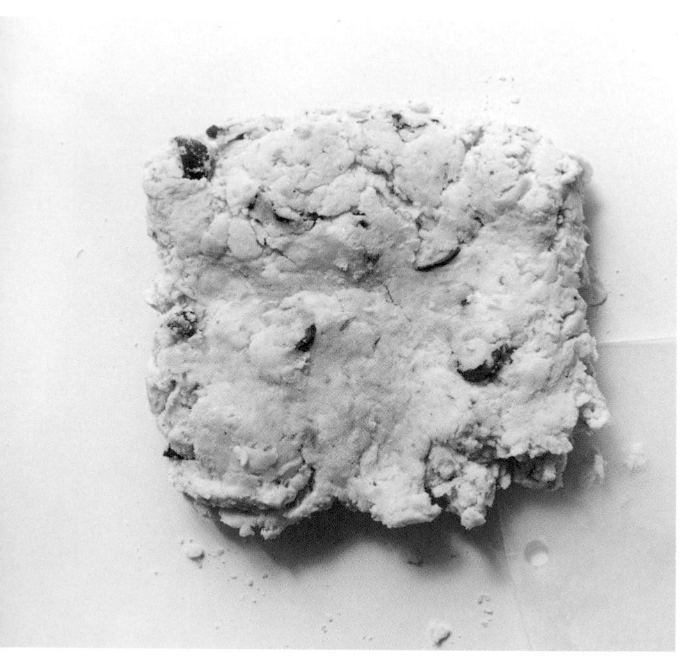

5-1 **折疊與捲捲**：拌合完成的麵團塊倒在工作檯上，用手掌掌心在麵團塊上輕壓一下，被壓過的麵團塊會密合成塊。再利用刮板將四周散落的小麵團鏟合放在被壓過的麵團塊上，再次在中心輕壓一下。

5-2 將麵團等切為二。

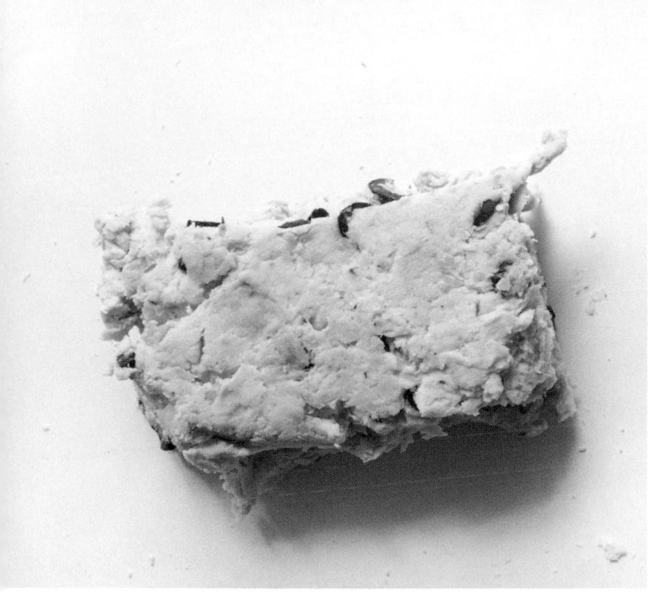

5-3 上下疊起。對折也可以。疊起與折起步驟讓司康麵團包覆空氣，完成的司康能因此擁有鬆酥與層次感。

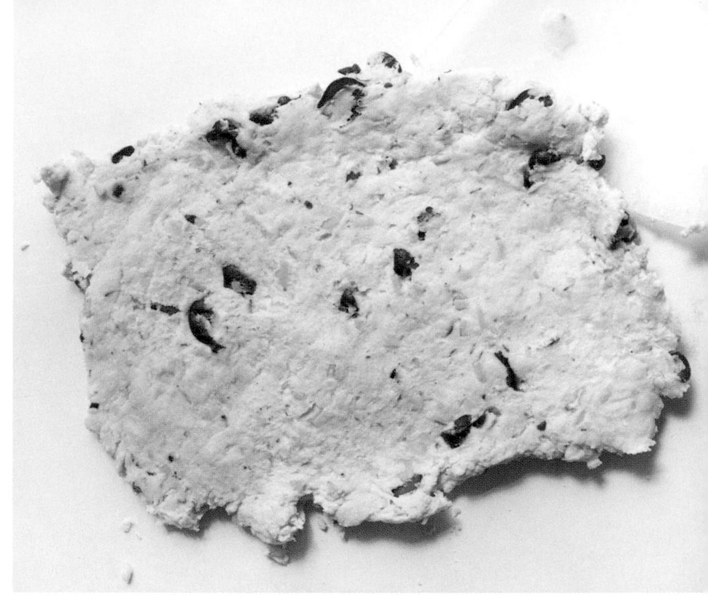

5-4 輕壓麵團成大小約 15 x 25 公分的麵餅狀。

5-5 從寬邊處捲起。

5-6 收口朝下。

6 **刷鮮奶油**：在司康頂部與側面都刷上鮮奶油，來回兩次，第一次薄，第二次厚一點，才能沾黏住起司絲。

7 **裝飾切達起司與百里香葉**：先撒起司，再撒百里香葉在司康上，稍微輕壓一下，讓起司固定。

TIP：薄而短的起司絲較容易沾黏在司康上；乾燥或黏性不夠的地方，可再次刷鮮奶油。起司絲太粗太重，份量過多，會影響司康長高與蓬鬆。

8 **切割**：用刀等切成 8 塊捲捲。

9 **入烤盤**：放在鋪好烘焙紙的烤盤上，中間留下小間距。完成後入爐烘焙。

TIP：當麵團變軟而黏手，或因麵團在操作中升溫；可將捲好或切割好的司康冷藏或冷凍直到司康質地固定後再烘焙，較能保持司康外型的美觀。切割好的司康麵團，冷藏約需 20 分鐘；冷藏與冷凍都應記得蓋上保鮮膜。

烘焙 Baking

| 烘焙溫度 | 200℃，上下溫。
| 烤盤位置 | 烤箱中層，正中央。
| 烘焙時間 | 16～18分鐘，應依照司康的厚度與大小調整烘焙時間。
烤到頂部呈現明顯金黃色澤，周邊上色均勻。
| 出爐靜置 | 出爐的司康先留在烤盤上10分鐘，再放在網架上冷卻。

寶盒筆記 Notes

橄欖起司香料司康，即使沒有使用奶油與雞蛋，一樣有著軟而潤澤的口感，非常讓人喜歡。

調味料與香料可依自己所喜歡的風味作各種不同的組合與替換。調味料或可以香蒜粉、辣椒粉、洋蔥粉、椒鹽粉……等來替換黑胡椒粉。天然香料方面，或以迷迭香葉、羅勒葉、洋香菜葉、義大利的綜合香草……為司康增添香氣。

是否能使用新鮮的香草香料？
能從自己的庭院裡採摘新鮮的香草使用當然最好。新鮮香草的味道比乾燥的香草葉濃郁許多，應該注意使用份量，也建議只放一種，避免一次混合不同的香草而失去「提味增香」的目的。

善用天然調味香料與香草，選擇高品質的天然起司，掌握麵團整形與切割的重點，就能讓自己所製作的鹹味司康成為最具個人特色的風味司康。

【司康的造型方式】

- 比較常見的司康造型是刀切成形與使用壓模切割成形。含水量較高的司康，麵團的狀態類似美式餅乾的餅乾麵團，因此也會見到使用挖杓舀麵團的操作方式，進而烘焙出不受羈束外型的司康。
- 以壓模方式來說，每次壓模切割後，都需要重新整合麵團，再壓模切割，一再經過整合的麵團容易因為過度操作而失去司康的酥鬆口感特質。還有，不論怎麼計算，最後都會剩一塊小麵團，只能放在司康旁烘焙。再有，許多人都喜歡在司康中加入硬質風味食材，例如堅果與巧克力，會增加壓模切割的難度，為此而不得不減少風味食材的份量或是特別使用經過剁碎切小的食材……等。
- 相較之下，以刀切成形與捲捲方式製作司康，速度較快，減少操作，不會剩下麵團，即使加入硬質的食材也不受影響。如能不拘泥於「司康必須是圓形」的思維，你所喜愛的司康的外型，其實能擁有更大的自由空間。
- 以捲捲方式製作司康時，翻折疊的步驟較為簡略，只需將整合成麵餅狀的司康麵團捲起就成形。捲起時，司康的層次在捲捲中。捲得太緊，司康中間包覆空氣不足，完成的司康體積會比較小，如果烘焙不足，中心不容易烤透。捲得太鬆，司康不容易保持形狀，經過烘焙的高溫，會攤平或歪倒，司康的組織中會看到較大的孔洞。
- 以捲捲造型製作，如麵餅上留有破口或是收口朝上，烘焙中泡打粉作用時會拉開裂口而呈現外翻的外型。無論是捲得好不好，有無破口，都不會影響司康本身的好滋味。自然的造型也有可愛之處，可以不必太過在意。

義大利帕瑪森乾酪與香料司康

ITALIAN PARMESAN & HERB SCONES

義大利的熱力與強烈：濃美乳香的帕瑪森乾酪結合多種義大利香料，分層體會義大利精心孕育的滋味風韻。

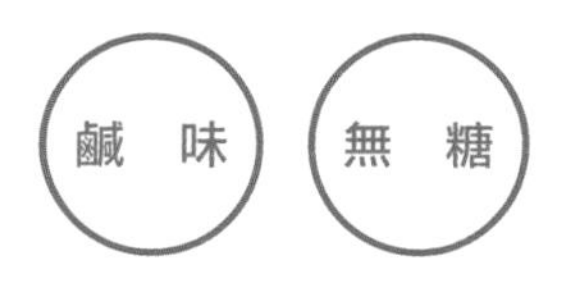

材料 Ingredients

司康

	材料	份量
A	中筋麵粉	120g
A	泡打粉	1 小匙
A	紅椒粉	1 小撮
A	黑胡椒粉	1 小撮
A	洋香菜葉（乾燥磨碎）	¼ 小匙
	無鹽奶油（冷藏溫度）	25g
	帕瑪森乾酪粉 Parmesan（冷藏溫度）	15g
	埃文達起司絲 Emmental（冷藏溫度）	25g
	油漬番茄（切絲）	1 片
	核桃碎	15g
	南瓜籽碎粒	2 小匙
B	蛋白（冷藏溫度）	1 個
B	全脂鮮奶（冷藏溫度）	40g

司康頂 _ 烘焙前

全脂鮮奶（冷藏溫度）………… 2 小匙
南瓜籽碎 ………… 1 ～ 2 小匙

份量 Quantity

6 個切割成形的捲捲司康

1 **材料 A 混合後加入奶油**：中筋麵粉、泡打粉、紅椒粉、黑胡椒粉、洋香菜葉混合後，加入切塊的無鹽奶油。

2 **搓合奶油**：用指尖將奶油與乾粉搓合成粗砂狀。

3 **加入其他食材**：依序加入帕瑪森乾酪粉、埃文達起司絲、油漬番茄絲、核桃碎、南瓜籽碎。

4 **拌合**：用叉子將所有食材略微拌合。

5 **倒入材料 B 後拌合**：蛋白與鮮奶打散後加入，用叉子拌合成司康麵團。

6 **翻折後捲捲**：以刮板協助進行麵團翻與折動作。輕輕平壓成麵餅後，捲起成長條狀，收口朝下。

7 **切割成形**：將司康麵餅等切成 6 塊。放在鋪好烘焙紙的烤盤上，留下小間距，外圍放上烤圈。
TIP：司康與司康間的間距小，左右兩側放上烤圈，烘焙時司康不會朝兩側歪斜。所用的是製作鳳梨酥的烤圈。

8 **頂部刷鮮奶與裝飾**：在司康頂部刷上鮮奶，再撒上南瓜籽。完成後入爐烘焙。

烘焙 Baking

| 烘焙溫度 | 200℃，上下溫。

| 烤盤位置 | 烤箱中層，正中央。

| 烘焙時間 | 16～18 分鐘，應依照司康的厚度與大小調整烘焙時間。烤到頂部呈現明顯金黃色澤，周邊上色均勻。

| 出爐靜置 | 出爐的司康先留在烤盤上 10 分鐘，再放在網架上冷卻。

寶盒筆記 Notes

古羅馬人為幾粒丁香付出黃金。
義大利航海家哥倫布為香料在大洋上飄泊經年。
香料來自於植物乾燥後的皮根莖葉，果實與種籽，花柱與花苞……每種單一植物所擁有的獨一無二無可替換的滋味與香氣，賦予食物多樣的、純粹的，或甘或苦的氣息靈魂。

省略香料可不可以？可以。
加了香料是不是不一樣？會非常不同。
每種香料各具風味特色，微量的香料給予食物截然不同的感官享受。

或許也聽說過：自 1953 年以來，義大利銀行 Credito Emiliano 接受小企業貸款人以帕瑪森乾酪輪（Wheels of Parmigiano-Reggiano）作為貸款抵押品。
銀行為帕瑪森乾酪輪特別建造一個擁有最先進的氣候控制系統的倉庫，在這個由專人管理的倉庫中，共可存儲 44 萬個直徑 40～45 公分、重 38 公斤的帕瑪森乾酪輪。由此可知帕瑪森乾酪在義大利社會中所具有的價值與地位。

以捲起方式製作的義大利帕瑪森乾酪與香料司康，因麵團無法太薄，完成的司康體積較大，外型不一。使用壓模切割方式，較為容易控制司康的大小與外型。

能夠搭配義大利帕瑪森乾酪與香料司康的食物與抹醬非常多：蜂蜜、奶油、橄欖油、香蒜味抹醬……。與義大利產的夏多內白酒（Chardonnay）搭配與唱和，或許是其中最幸福的一種。

‖專欄‖ 受委屈的司康

每個愛司康的人，都不忍心看司康受委屈。

司康像是其他烘焙的糕餅與點心一樣，容易吸收氣味。不同風味的司康應該分開包裝，不應該放在同一個容器中；無論容器是餅乾盒、保鮮盒、玻璃罐、還是禮品紙盒……，都不應該將不同口味的司康一起放入一個密封盒中，才不會因此讓司康的風味受到影響。

簡單的小實驗：將原味香草司康與起司司康同時放入加蓋便當盒中，分別隔 3 – 6 – 12 個小時，聞聞看並品嚐香草司康，就能完全瞭解必須分開放置司康的理由。

每當在咖啡店或是從某些司康鋪子的照片裡，見到不同風味五彩繽紛的司康被一起裝在特別漂亮的高筒玻璃容器裡，或是一起放在有著夢幻蕾絲鑲邊的高腳蛋糕盤裡時，都難免為期望享受這些司康的司康人與正在彼此搶地盤而受著委屈的司康難過。

愛司康，愛滋味，以正確方式保存司康，司康自然會以至美的滋味回應你。

豌豆仁起司辣味司康
PEA AND CHEESE SPICY SCONES

鮮甜豌豆與濃美起司加上各種辛香料的鹹香美滋味，
簡約風中的小繁華，就是好讓人喜歡。

材料 Ingredients

司康

熟豌豆仁 50g

A |
中筋麵粉 150g
泡打粉 .... 1¼ 小匙
鹽 .... ⅛ 小匙

調味料
（黑胡椒、辣椒粉、大蒜粉）...... 適量
起司絲（冷藏溫度）.................. 35g
植物油 35g
全脂鮮奶（冷藏溫度）.............. 70g

司康頂 _ 烘焙前

全脂鮮奶（冷藏溫度）.......... 1 小匙
起司絲（冷藏溫度）......... 15 ～ 20g

材料重點

食譜使用的調味料（黑胡椒、辣椒粉、大蒜粉），可依個人喜好替換與調整。現磨的黑胡椒等香料，香氣更佳。如果喜歡辛香辣味，不僅僅可將辣椒粉加量，也可用辣椒油取代部分的植物油。

份量 Quantity

6 個切割成形的方形司康

製作步驟 Directions

1 **煮熟豌豆仁**：生豌豆仁先在加鹽的沸水燙熟，或是用油加鹽炒熟（清水、食油、鹽，都是食材份量外），瀝乾冷卻，備用。

2 **材料 A 過篩後加入調味料**：中筋麵粉、泡打粉、鹽混合與過篩後，加入調味料。

3 **加入熟豌豆仁與起司絲拌合**：讓乾性粉質食材裹住豌豆仁與起司絲。用手鬆開裹上乾粉的結團起司絲。
TIP：食材加入的次序會造成不同的成果。在加入液態食材前先加入豌豆仁與起司絲，乾粉會吸收豌豆仁外的濕氣，由乾粉裹住的起司絲較容易鬆開並均勻分布在麵團中。

4 **依序加入植物油與鮮奶**：先加入植物油拌合，再加入鮮奶，用叉子拌合成麵團塊。完成時會成質地大小不均勻的麵團塊狀。

5 **翻折・整形・切割**：在工作檯上，以刮板協助進行麵團翻與折動作。經過翻折疊步驟後，將麵團輕輕壓平成 15 x 8 公分的長方形麵餅，將外緣的四個邊先用刀修切平整後，切割成 6 塊。
TIP：如司康麵團的質地較乾，可加入少許鮮奶調節。

6 **入烤盤**：放入鋪好烘焙紙的烤盤上，中間留下間距。將刮板放在司康頂部，再次輕輕施壓，輕壓司康至頂部平整。

7 **頂部刷鮮奶與撒起司**：在司康頂部刷上鮮奶兩次。再將起司絲撒在司康頂部，稍微輕壓一下讓起司絲固定。完成後入爐烘焙。

烘焙 Baking

| 烘焙溫度 | 220℃，上下溫。（如果使用小型家庭烤箱，可將烘焙溫度降低至 190℃～200℃，拉長烘焙時間。）
| 烤盤位置 | 烤箱中層，正中央。
| 烘焙時間 | 14～17 分鐘，應依照司康的厚度與大小調整烘焙時間。烤到頂部呈現明顯金黃色澤，周邊上色均勻。
| 出爐靜置 | 出爐的司康先留在烤盤上 10 分鐘，再放在網架上冷卻。

寶盒筆記 Notes

為什麼司康麵團需要修整四邊？
用刀切割成方形的司康，如果希望在每個面都能看得見司康層次，在麵團完成折疊，整形成長方形時，要將外緣的四個邊先用刀修切平整後，再切塊。只要每個司康的四面都有切口，烘焙時就不會因為沾黏在一起影響膨高而導致膨脹不均。

用於切割麵團的刀子要保持乾淨。刀面上若沾黏麵糊也會影響切面線條與平整，以及烘焙後的外觀。司康的外型並不影響司康本身所具有的風味，也可無需太過在意。

PHILADELPH

乳酪司康

CREAM CHEESE SCONES

奶油乳酪以濃濃奶香，微微酸與淡淡鹹，一起豐富司康。

材料 Ingredients

司康

A
- 中筋麵粉 160g
- 泡打粉 .... 1¼ 小匙
- 鹽 .... ⅛ 小匙
- 細砂糖 60g

- 無鹽奶油（冷藏溫度）........ 40g
- 全脂奶油乳酪 Cream cheese（冷藏溫度）........ 90g
- 白葡萄乾 .... 60 ～ 70g

B
- 蛋黃（冷藏溫度）........ 1 個
- 動物鮮奶油 35%（冷藏溫度）........ 10g
- 全脂鮮奶（冷藏溫度）........ 20 ～ 30g
- 香草精 .... 1 小匙

司康頂 _ 烘焙前

- 蛋黃（冷藏溫度）........ 半個（可用鮮奶油取代）
- 動物鮮奶油 35% .... 1 小匙
- 白砂糖（粗顆粒）........ 1 大匙

材料重點

- 白葡萄乾可用其他的乾果取代。清洗後的乾果在使用前先用溫水、烈酒、檸檬汁加水或是鮮奶……略微浸泡，讓果實略微展開，才能在烘焙後釋放乾果最好的果實風味。太大的乾果應切成葡萄乾大小的塊狀。
- 如果所選用的奶油乳酪風味偏鹹，食譜中鹽的份量應再減半，鹹度才不會太明顯。

份量 Quantity

5 ～ 6 個切割成形的三角形司康

製作步驟 Directions

1 **材料 A 過篩後加入奶油**：中筋麵粉、泡打粉、鹽、砂糖混合過篩後，加入切塊的無鹽奶油，將奶油與乾粉搓合成粗砂狀。（如圖 A、B）

TIP：狀態測試：緊握奶油粉砂會結團，即表示完成。

2 **拌入奶油乳酪**：用手或是用叉子將奶油乳酪與其他食材拌合。乾性食材會開始結成團塊。（如圖 C）

3 **加入白葡萄乾**：略微混合。（如圖 D）

TIP：白葡萄乾要事先經過溫水沖浸後確實瀝乾。

4 **加入材料 B**：蛋黃與鮮奶油先混合再加入。並加入鮮奶、香草精。所有食材輕輕拌合再輕輕翻拌完成。（如圖 E）

5 **翻折壓疊・整形・切割**：以刮板協助進行麵團翻折與壓疊。輕輕平壓麵團成長方形麵餅，厚度約 2.0 ～ 2.5 公分，先等切為 3 塊長方形，再斜切成 6 塊三角形。放入鋪好烘焙紙的烤盤上，中間留下間距。

TIP：若希望讓司康擁有漂亮的切面，保持刀面乾淨就能做到。每次切割後都將刀子清洗擦乾再切。

6 **頂部刷蛋黃鮮奶油液**：混合蛋黃與鮮奶油，刷在司康頂部。再撒上白砂糖。完成後入爐烘焙。（如圖 F）

烘焙 Baking

| 烘焙溫度 | 190℃，上下溫。

| 烤盤位置 | 烤箱中層，正中央。

| 烘焙時間 | 20 ～ 23 分鐘，應依照司康的厚度與大小調整烘焙時間。烤到頂部呈現明顯金黃色澤，周邊上色均勻。

| 出爐靜置 | 出爐的司康先留在烤盤上 10 分鐘，再放在網架上冷卻。

寶盒筆記 Notes

乳酪司康的份量較大，烘焙時間因此比較長。如果以小份量呈現，不要忘記縮短烘焙時間。

省略蛋黃的調整方法：將動物鮮奶油的份量從原來的 10 公克，調整為 30 ～ 35 公克。

【奶油乳酪】

- 奶油乳酪（Cream cheese）就像起司（Cheese）一樣，不同的地域，不同的牧區，不同的牛群，牛乳的風味不同，所製成的奶油乳酪的風味也因此不相同。以奶油乳酪的味道來區分，大致上分為：乳脂香味的、帶微酸味的、鹹味比較明顯的。各有其風味特色。
- 選擇上，建議使用適合個人口味的奶油乳酪。卡夫公司所生產的濃郁乳香中有微酸並帶有淡鹹味的全脂奶油乳酪（Philadelphia Cream Cheese），最受家人與我的偏愛，需要奶油乳酪的糕餅點心全部都使用它。

只需要將蜂蜜與奶油乳酪混合，就是最好吃的司康抹醬。

蜂蜜乳酪抹醬配方：

蜂蜜 1 大匙＋全脂奶油乳酪 40g

A
B
C
D
E
F

紅薯黑芝麻小麥司康
SWEET POTATO & BLACK SESAME SCONES

重回大地的原生甘美，重溫滋味記憶中最初的最初。

材料 Ingredients

司康

	材料	份量
	紅薯（去皮刨細絲）	80g
	細砂糖	10g
A	中筋麵粉	125g
A	斯佩爾特小麥粉	40g
A	泡打粉	1¼ 小匙
A	鹽	¼ 小匙
	黑芝麻	20g
	植物油	30g
	動物鮮奶油 35%（冷藏溫度）	100g

司康頂 _ 烘焙前

動物鮮奶油 35%（冷藏溫度） 1 小匙
黑芝麻 .... 適量

份量 Quantity

8 個切割成形的三角形司康

材料重點

- 紅薯，就是台灣俗稱的地瓜，或被稱為甜薯、甘薯。可以連皮食用。可用馬鈴薯或南瓜替代紅薯來製作，所用食材不同，司康的風味不同。紅薯本身具有自然甜味，完成的司康甜意較明顯。
- 食譜中所使用的黑芝麻是經過低溫焙製的原味熟黑芝麻。
- 動物鮮奶油可等量替換成全脂鮮奶；另外必須加入 1 大匙的玉米粉來作為增稠劑以增加濃稠度。動物鮮奶油與全脂鮮奶的乳脂肪含量不同，司康的滋潤度也會因此而有不同。
- 如果手邊沒有斯佩爾特小麥粉，可全部以中筋麵粉來製作；所用麵粉不同，或有增減動物鮮奶油用量調整麵團的濕潤度的必要。加入斯佩爾特小麥粉的司康有淡淡的類似堅果的香氣。

製作步驟 Directions

1 **糖拌紅薯絲**：紅薯去皮後，使用刨絲器刨成短細絲，拌入細砂糖後，用手將糖與紅薯絲稍微抓醃一下，並讓紅薯絲散開。（如圖 A）

TIP：紅薯絲要刨得細而短。過長的紅薯絲會結團、不易均勻。過粗的紅薯絲則會不易烤熟。

2 **材料 A 過篩後加入黑芝麻**：中筋麵粉、斯佩爾特小麥粉、泡打粉、鹽混合後過篩，再加入黑芝麻拌合。（如圖 B）

3 **依序拌入糖拌紅薯絲與植物油**：將糖拌紅薯絲與乾粉用叉子略微拌合，盡可能讓紅薯絲散開，不要結團。接著倒入植物油，使用叉子略微拌合。（如圖 C）

4 **加入鮮奶油後拌合**：用叉子將所有食材翻拌均勻。紅薯黑芝麻小麥司康的麵團濕潤度較高，會有點黏手。（如圖 D）

5 **翻與折・整形・切割**：工作檯上略撒手粉（食譜份量外）。以刮板協助進行麵團翻與折動作。麵團經過翻折步驟後，輕輕平壓成圓麵餅狀，直徑約 15.0 ～ 16.0 公分。用刀將司康麵餅等切成 8 塊。（如圖 E）

TIP：麵團黏手時，可加點中筋麵粉調節。應該注意所加入麵粉的份量，過多的麵粉，改變司康的比例，會比較密實而乾燥。

6 **頂部刷鮮奶油與裝飾**：將司康放在鋪好烘焙紙的烤盤上，中間留下間距。在司康頂部刷上鮮奶油，再將黑芝麻撒在司康頂部。完成後入爐烘焙。（如圖 F）

烘焙 Baking

| 烘焙溫度 | 200℃，上下溫。
| 烤盤位置 | 烤箱中層，正中央。
| 烘焙時間 | 18 ～ 22 分鐘，應依照司康的厚度與大小調整烘焙時間。烤到頂部呈現明顯金黃色澤，周邊上色均勻。
| 出爐靜置 | 出爐的司康先留在烤盤上 10 分鐘，再放在網架上冷卻。

‖專欄‖

斯佩爾特小麥麵粉的淺知識

斯佩爾特小麥麵粉，英文：Spelt Flour，是種富含蛋白質的小麥麵粉。有自然的類似堅果的風味，並帶著清甜的穀子香。即使初次嘗試，也會有極高的接受度。斯佩爾特小麥麵粉可單獨使用，也適合與其他麵粉混合後製作各種麵包與糕點。

純天然的斯佩爾特小麥麵粉（Original PureSpelt）以自然方式種植，不需使用殺蟲劑，不但富含蛋白質，還有許多重要的氨基酸、維他命與膳食纖維，是個營養與美味兼具，尤其珍貴的小麥麵粉。

某些斯佩爾特小麥麵粉使用全穀粒磨成麵粉，因此麵粉的色澤會比小麥麵粉深，偏淡黃近淺褐，烘焙完成的糕點色澤也比較深。

混合斯佩爾特小麥麵粉與全部以低筋或中筋麵粉烘焙的司康有什麼差異？

斯佩爾特小麥麵粉的纖維質含量較高、粉質較粗，烘焙後會散發類似堅果的香氣，給予特有的酥美口感。以斯佩爾特小麥麵粉替代部分小麥麵粉，不僅僅是健康考量，也能增加多層風味與口感。

花生巧克力小麥司康

PEANUT & CHOCOLATE SCONES

花生與巧克力的美味拉鋸。
淡淡甜意，由巧克力負責；口口香脆，由花生擔當。
自然且質樸的風味，讓日日在風塵中行走的心情，重回起點。

材料 Ingredients

司康

A
- 中筋麵粉 100g
- 斯佩爾特小麥粉 50g
- 泡打粉 .... 1¼ 小匙
- 鹽 .... ¼ 小匙

- 熟花生（脫皮碎粒或是粉狀）........ 50g
- 熟花生（脫皮整粒）........ 30g
- 巧克力碎粒 20g

B
- 蛋黃（冷藏溫度）........ 1 個
- 植物油 45g
- 全脂鮮奶（冷藏溫度）........ 60g

司康頂 _ 烘焙前

- 動物鮮奶油 35%（冷藏溫度）..... 1 小匙
- 花生碎粒 .... 1 小匙
- 粗粒紅糖 .... 1 ～ ½ 小匙

份量 Quantity

8 個切割成形的長三角形司康

材料重點

- 食譜中所使用的脫皮花生是經過低溫焙製的原味熟花生。如果所購買的花生加鹽調味，記得要減少食譜中鹽的份量，以保持風味的均衡。
- 選用的巧克力的可可脂較高，例如可可脂 50% 以上的半甜巧克力，甚至是可可脂 70% 左右的苦甜巧克力，甜度會較低，或許加入少許砂糖，或是香草糖來增甜與提味。
- 如果手邊沒有斯佩爾特小麥粉，可全部以中筋麵粉製作。

製作步驟 Directions

1 **材料 A 過篩後加入花生碎**：中筋麵粉、斯佩爾特小麥粉、泡打粉、鹽混合後過篩，再加入切碎的花生粒 50 公克，混勻。

2 **加入花生粒與巧克力碎**：略微拌合。（如圖 A）
TIP：巧克力要切得稍微碎一點，司康麵團會比較容易成團。

3 **加入材料 B**：蛋黃與植物油一起打散，加入後，再加入鮮奶，使用叉子拌合。食材會結合成類似麵疙瘩的團塊。（如圖 B、C）
TIP：司康麵團如過於乾燥，加入少許鮮奶調節。

4 **翻折・整形**：以刮板協助進行麵團翻與折動作。經過翻折步驟後，輕輕平壓成長寬約 16.0×8.0 公分的長方形。

5 **切割**：將司康麵餅先等切成 4 塊，再斜切成長三角形。將切割好的司康放在鋪好烘焙紙的烤盤上，中間留下間距。（如圖 D、E）

6 **頂部刷鮮奶油與裝飾**：在司康頂部刷上動物鮮奶油。花生碎與粗粒紅糖先混合後，撒在司康頂部。完成後入爐烘焙。（如圖 F）

烘焙 Baking

| 烘焙溫度 | 200℃，上下溫。
| 烤盤位置 | 烤箱中層，正中央。
| 烘焙時間 | 18 ～ 20 分鐘，應依照司康的厚度與大小調整烘焙時間。烤到頂部呈現明顯金黃色澤，周邊上色均勻。
| 出爐靜置 | 出爐的司康先留在烤盤上 10 分鐘，再放在網架上冷卻。

寶盒筆記 Notes

花生巧克力小麥司康使用植物油，不加糖，甜度來自巧克力本身的甜，脆香花生與微甜巧克力組合而成半鹹半甜的迷人風味。

A
B
C
D
E
F

雙種籽全麥司康

SEEDED WHOLE WHEAT SCONES

南瓜籽與葵花籽的純粹種籽香氣與美味，
融合在擁有最懂小麥魅力的全麥麵粉中，
大地的，四季的，陽光與雨水的，穀物與種籽的，
就這樣被集合，被收納在雙種籽全麥司康的方寸間。

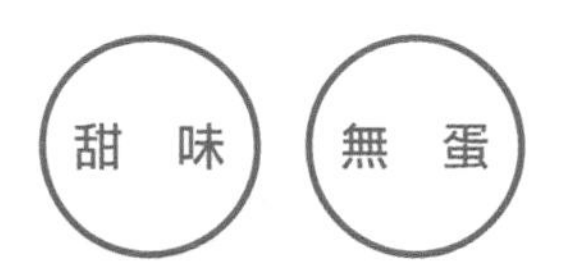

材料 Ingredients

司康

A
- 中筋麵粉 60g
- 全麥麵粉 Whole wheat flour 140g
- 泡打粉 .... 2 小匙
- 鹽 .... ¼ 小匙

深色紅糖 Dark brown sugar 50g
無鹽奶油（冷藏溫度）........................ 80g
南瓜籽（原味）................................. 30g
葵花籽（原味）................................. 30g
香草精 .... 1 小匙
全脂優格（冷藏溫度）...................... 100g

司康頂 _ 烘焙前

全脂優格（冷藏溫度）............ 1 ～ 2 小匙
南瓜籽 .... 適量

份量 Quantity

8 個切割成形的長方形司康

製作步驟 Directions

1 **材料 A 混合過篩**：中筋麵粉、全麥麵粉、泡打粉、鹽混合再過篩。（如圖 A）

2 **加入奶油與紅糖後搓合**：用指尖將食材搓合成粗砂狀。（如圖 B、C）

3 **加入南瓜籽與葵花籽**：拌合。（如圖 D）

4 **拌合香草精與優格**：加入後用叉子略微拌合。全麥麵粉因麩皮的纖維含量較高，吸收水分的速度會比細磨的小麥麵粉慢，剛加入液態食材時會看起來水分過多，這時候先別急著加麵粉，稍微靜置一下讓全麥麵粉吸收水分，麵團的狀態就會達到所希望的乾濕度。（如圖 E）

TIP：室溫較高時，可將麵團放入冰箱冷藏靜置約 10 ～ 20 分鐘。

5 **折疊・整形・切割**：工作檯上撒少許手粉，使用刮板協助進行麵團折疊。將麵團整形成長方形後，輕輕壓平表面，用刀切成 8 塊。放入鋪好烘焙紙的烤盤上，中間留下間距。

6 **刷優格與裝飾**：在司康頂部刷上優格，來回刷兩次。喜歡的話可以用南瓜籽或是葵花籽裝飾。放上南瓜籽後稍微輕壓固定，並再次刷上一層優格以免烘焙高溫讓南瓜籽焦黑。完成後入爐烘焙。（如圖 F）

烘焙 Baking

| 烘焙溫度 | 200℃，上下溫。

| 烤盤位置 | 烤箱中層，正中央。

| 烘焙時間 | 15 ～ 18 分鐘，應依照司康的厚度與大小調整烘焙時間。烤到頂部呈現明顯金黃色澤，周邊上色均勻。

| 出爐靜置 | 出爐的司康先留在烤盤上 10 分鐘，再放在網架上冷卻。

寶盒筆記 Notes

雙種籽全麥司康所使用的全麥麵粉佔所使用的（中筋＋全麥）麵粉總量的 70%，全麥麵粉本身的色澤較深，麵粉的顆粒也較為粗大，加上深色紅糖的緣故，完成的司康是溫潤的棕褐色。在司康中看得到、聞得到，且品嚐得到全麥的美好風味。

深色紅糖（Dark brown sugar）擁有原糖的焦糖香氣。以白砂糖等量替換時，有甜味，無深色紅糖的焦糖香氣。

雙種籽也可以自由搭配，由多種籽取代。除了南瓜籽與葵花籽之外，黑芝麻、白芝麻、奇亞籽都可以。最好選用沒有經過調味與添加的原味種籽，在使用前可以在乾鍋上翻炒直到散發香氣後起鍋，等完全冷卻後再使用。

當全部以中筋麵粉製作時，優格的用量應該略微減少。

【手粉】

司康整形與切割時，為了增加操作上的順暢，多多少少都會需要所謂的「手粉」：就是製作過程中隨手會用到的麵粉。以粗蛋白含量較高、粉質粒子較粗的高筋麵粉作為手粉為佳。手粉的目的是讓製作步驟順利，手粉的「隔離」作用可以減少麵團接觸工作檯與用具時所發生的沾黏。

希望保持成品的風味與比例，控制手粉的用量是絕對必須的。加入過量的手粉會讓麵團變乾、成品變硬；這也是為什麼在調節麵團的乾濕度時，無論是加入麵粉或是液態食材時都是少量多次加入。

有件不應該忘記的事是，在製作司康時所用的膨脹劑例如泡打粉的份量，是依據麵粉總重量計算出來的。過量的手粉勢必影響配方的原比例，麵粉的總量增加，相對的膨脹劑的比例降低，導致成品的蓬鬆度不足，甚或導致外觀、質地、口感上不理想。這也是「需要注意手粉用量」的幾個主要原因之一。

BAILEYS

貝禮詩奶酒全麥司康

BAILEYS IRISH CREAM SCONES WITH WHOLE WHEAT FLOUR

結合兩款愛爾蘭之寶：
愛爾蘭的威士忌與乳製品的貝禮詩奶酒，
浸入全麥麵粉自然的麥香裡。
完整乳香，麥香，堅果香，
純釀威士忌甜酒香的司康體會。

材料 Ingredients

司康

A	中筋麵粉	90g
A	全麥麵粉 Whole wheat flour	90g
A	泡打粉	1½ 小匙
A	鹽	¼ 小匙
A	細砂糖	25g
	無鹽奶油（冷藏溫度）	75g
B	貝禮詩奶酒	45g
B	全蛋蛋汁（冷藏溫度）	40g
B	全脂鮮奶（冷藏溫度）	40g

司康頂＿烘焙前

全蛋蛋汁（冷藏溫度）........ 1～2 小匙

份量 Quantity

10 個切割成形的長方形司康

充滿濃郁奶香味的貝禮詩奶酒。

製作步驟 Directions

1. **材料 A 過篩**：中筋麵粉、全麥麵粉、泡打粉、鹽、細砂糖，混合再過篩。（如圖 A）

2. **手搓奶油**：加入切成小塊的無鹽奶油。手動操作，使用指尖將奶油與乾粉搓合成粗砂狀。不均勻，還見到小奶油塊也沒有關係。（如圖 B、C）

3. **加入材料 B**：貝禮詩奶酒、全蛋汁、鮮奶混合後加入，用叉子略微拌合。這是一個水分含量略高的司康麵團，在加入液態食材後會成為黏稠類似麵糊的狀態，特別是有加入全麥麵粉的食譜，會較為黏手，不適合立刻切割製作。（如圖 D、E）

4. **冰箱冷藏 40 分鐘**：在司康麵團容器上蓋上保鮮膜，冷藏 40 分鐘，或是直到麵團略有硬度。
TIP：冷藏司康麵團的目的不僅僅是能讓因溫度而軟化的奶油固化，讓整形更容易；在靜置過程中，麵團也能夠達到鬆弛的目的，能幫助司康烘焙時保持漂亮的外型。

5. **折疊・整形・切割**：工作檯上撒少許手粉，使用刮板協助進行麵團折疊。將麵團整形成長方形後，輕輕壓平，用刀切成 8 ～ 10 塊。放入鋪好烘焙紙的烤盤上，中間留下間距。

6. **刷全蛋液**：在司康頂部來回刷兩次全蛋液。完成後入爐烘焙。（如圖 F）

烘焙 Baking

| 烘焙溫度 | 210℃，上下溫。

| 烤盤位置 | 烤箱中層，正中央。

| 烘焙時間 | 14 ～ 16 分鐘，應依照司康的厚度與大小調整烘焙時間。烤到頂部呈現明顯金黃色澤，周邊上色均勻。

| 出爐靜置 | 出爐的司康先留在烤盤上 10 分鐘，再放在網架上冷卻。

寶盒筆記 Notes

全麥麵粉的粗蛋白含量（Protein content）介於 9% ～ 14% 之間，色澤比中筋麵粉深，粉質顆粒較大，帶著自然的堅果香。

全麥麵粉用於麵包製作時可被單獨使用，製作餅乾與司康時多半與其他小麥麵粉摻合使用。因全麥麵粉的特性，需要調高食譜的水分比例，並給予麵粉充足吸取水分的時間。

全麥搭配中筋麵粉製作的司康，蓬鬆度與潤澤度都很高，外殼脆香，內部保持鬆軟質地。加上貝禮詩奶酒中威士忌酒的麥香，提升司康整體的麥香與堅果風味，是個外型簡約、滋味醇厚的美味司康。

無花果黑麥司康
FIG SCONES

無花果特優的甜美勻和檸檬的酸美，
帶上黑麥的類堅果麥香，
成就無花果黑麥司康醇厚豐潤滋味；
每一口，都能體會無花果的甜美魅力。

材料 Ingredients

司康

無花果乾（整顆）.................................... 150g
新鮮檸檬汁 .... 1 大匙
冷開水 .... ½ 大匙
新鮮檸檬皮屑 .... 半個檸檬

A
- 中筋麵粉 100g
- 黑麥麵粉 Rye flour 70g
- 泡打粉 .... 1 小匙
- 烘焙用蘇打粉 .... ¼ 小匙
- 鹽 .... ¼ 小匙
- 細砂糖 15g

無鹽奶油（冷藏溫度）................................. 40g

B
- 蛋黃（冷藏溫度）.. 1 個
- 動物鮮奶油 35%（冷藏溫度）........................ 75g

司康頂 _ 烘焙前

動物鮮奶油 35%（冷藏溫度）.................. 1 小匙
無花果（泡開）... 40g
細砂糖 .... 1½ 小匙

司康頂部鏡面 _ 烘焙後（可省略）

鏡面果膠粉 + 冷開水 .... 1 ～ 2 小匙
（請按照所購果膠粉的使用比例與說明操作）

份量 & 模具 Quantity & Bakeware

8 個壓模成形的圓形司康（直徑 5 ～ 6 公分圓形壓模）

前置作業 Preparations

1 **無花果沖洗後切塊**：整顆乾燥無花果放在篩子中，用流動的溫水沖洗，讓無花果略微展開後，瀝乾水分。去除無花果的果蒂後切塊。（如圖 A）

TIP：操作順序是先以溫水沖過後再切。如果先切塊再泡溫水，會因此失去果實內自然的風味與甜味。

2 **溫浸無花果**：加入檸檬汁與冷開水，再加入新鮮檸檬的皮屑。將切塊的無花果與檸檬汁與皮略微混合後，包上保鮮膜冷藏靜置約 30 ～ 60 分鐘，或是直到無花果完全吸收水分展開。泡開的無花果留下40公克作為裝飾之用。（如圖 B、C）

TIP：

- 建議使用有機檸檬。使用前要用溫熱水沖洗後擦乾再刨皮屑。只使用檸檬的最外層皮層，避免刨到底層白色帶苦味的部分。
- 加溫法：速度較快的方法是使用微波爐加溫，以低功率微溫加熱，以 15 ～ 20 秒間隔，取出翻拌讓無花果均勻吸收水分，再加熱，反覆操作直到容器中的水分被無花果吸收，無花果完全展開。需等到無花果完全冷卻後再使用。
- 如果無花果吸收所有水分後，質地仍然過於乾硬，可以再加點水繼續加熱，直到達到滿意的質地。

製作步驟 Directions

1 **材料 A 與糖過篩**：中筋麵粉、黑麥麵粉、泡打粉、烘焙用蘇打粉、鹽、細砂糖，混合與過篩。

2 **手搓奶油**：加入切塊的無鹽奶油後，用手搓成粗砂狀。

3 **加入泡開的無花果**：用叉子略微混合。無花果塊約略比葡萄乾大，若體積太大，可以用剪刀剪。（如圖 A、B）

4 **加入材料 B**：加入蛋黃與鮮奶油，用叉子將所有食材拌合完成。（如圖 C）

5 **翻折・整形・切割**：以刮板協助進行麵團翻與折動作。麵團經過翻折疊步驟後，輕輕壓平，使用直徑 5 ～ 6 公分圓形壓模切割成塊。剩下的麵團平行收合後，切開疊起後將麵團輕輕壓合，再切割，直到用完所有麵團。放入鋪好烘焙紙的烤盤上，中間留下間距。

TIP：
- 如司康麵團的質地較乾，可加入少許動物鮮奶油調節。
- 切割司康不一定要用壓模，用刀切割成塊，也是種方法。

6 **頂部刷鮮奶油・裝飾無花果**：在司康頂部刷上鮮奶油，刷兩次。將無花果片盡量攤平後放在司康頂部，稍微輕壓一下固定。最後，細砂糖只需撒在無花果片上，可以防止在烘焙中無花果變乾。完成後入爐烘焙。（如圖 D、E、F）

烘焙 Baking

｜烘焙溫度｜	200℃，上下溫。
｜烤盤位置｜	烤箱中層，正中央。
｜烘焙時間｜	18 ～ 20 分鐘，應依照司康的厚度與大小調整烘焙時間。烤到頂部呈現明顯金黃色澤，周邊上色均勻。
｜出爐靜置｜	出爐的司康先留在烤盤上 10 分鐘，再放在網架上冷卻。
｜烘焙後裝飾｜	司康頂部鏡面：果膠粉加冷開水調勻後，用矽膠刷刷在冷卻的司康頂部。刷完後靜置冷卻，直到乾燥。

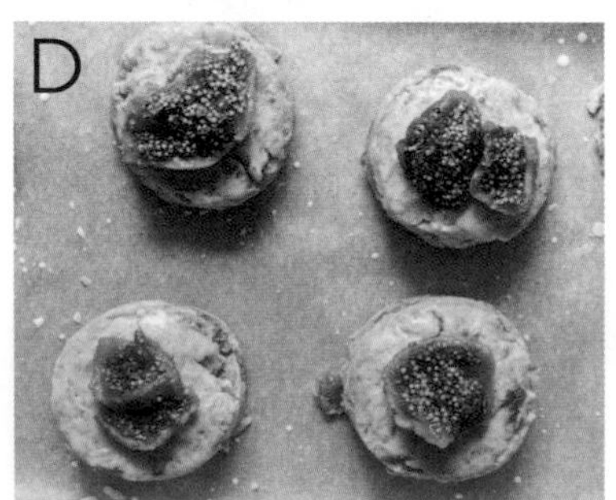

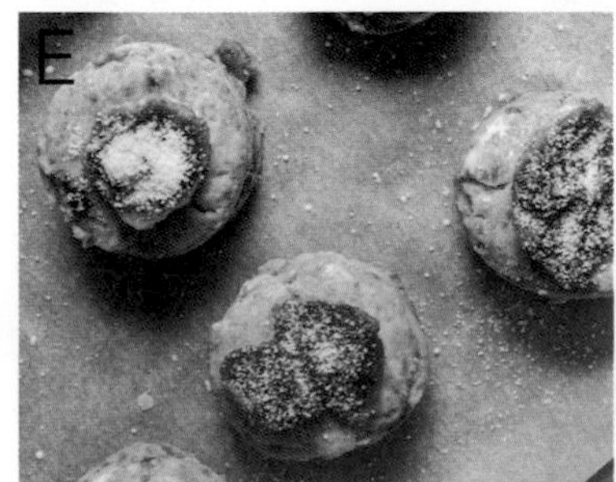

寶盒筆記 Notes

除了乾燥的無花果之外，可以用其他乾果，例如黑李、杏桃、椰棗等，等量替代。

檸檬皮與檸檬汁用於無花果黑麥司康中，也作為香料。浸泡乾燥無花果的液態食材，除了清水、檸檬汁、各種烈酒之外，還有蘋果汁、柳橙汁、用清水稀釋的蜂蜜或是楓糖漿、全脂鮮奶、紅酒、雪莉酒……，都能為無花果另增不同風味。如果捨棄檸檬，可使用 ¼ 支新鮮香草莢為司康增香。

‖專 欄‖ 黑麥的淺知識

黑麥，英文：Rye，又稱為裸麥。略酸並微帶苦味，擁有極其特殊的黑麥風味。

黑麥麵粉因品種、產地、研磨方式不同，在色澤深淺與粗細程度上也有不同。與小麥麵粉相比，顏色較深，粉質顆粒比較粗。即使以僅僅 20% 的黑麥麵粉替換所需的小麥麵粉，完成的司康比全部使用小麥麵粉的顏色深，氣孔較小，整個組織與質地比較密實。

黑麥麵粉有其與眾不同的特殊風味、香氣與口感，沒有任何麵粉能夠完全取代黑麥麵粉的特殊性。如果實在找不到黑麥麵粉，以整粒小麥研磨而成的全麥麵粉在質地上比較相近，是替代黑麥麵粉的最佳選擇。除了全麥麵粉之外，帶有堅果香氣的蕎麥（Buckwheat）所研磨成的蕎麥粉也是個不錯的選擇。

黑麥麵粉與全麥麵粉的筋度較低，而蕎麥粉是不含筋度的，因此這三種麵粉都需與小麥麵粉混合使用，以彌補麵筋的不足。

食譜書中加入黑麥麵粉製作的司康，食譜有：無花果黑麥司康、楓糖核桃黑麥司康、蜂蜜椰棗黑麥司康、台灣黑糖酥頂葡萄乾黑麥司康。黑麥麵粉的吸濕力較小麥麵粉強，需要的水分較多。如果完全使用中筋麵粉製作時，重新調整降低液態食材的比例是絕對必要的。建議不要一次倒入所有液態食材，應觀察司康麵團的乾濕度後調整。

楓糖核桃黑麥司康

MAPLE SYRUP, WALNUT AND BUTTERMILK SCONES

豐實的森林滋味，令人滿足的咀嚼感，
楓糖與核桃交織著奶油與麥香的餘韻，
正是等待著的全美。

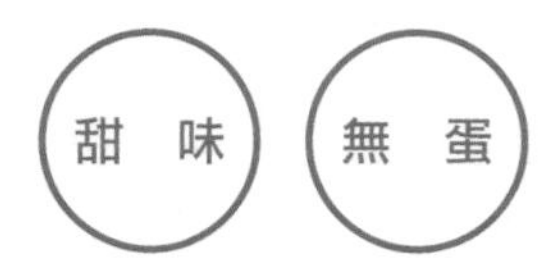

材料 Ingredients

司康

	材料	份量
A	中筋麵粉	130g
A	黑麥麵粉 Rye flour	40g
A	泡打粉	1¾ 小匙
A	鹽	¼ 小匙
	無鹽奶油（冷藏溫度）	35g
	楓糖 Maple syrup	40g
	白脫牛奶 Buttermilk（冷藏溫度）	110g
	核桃碎	50g

司康頂 _ 烘焙前

白脫牛奶（冷藏溫度）........ 1 小匙
楓糖 .... 1 小匙
紅糖 .... 1 ～ 2 小匙

份量 Quantity

8 個切割成形的長方形司康

製作步驟 Directions

1 **材料 A 過篩後加入奶油**：中筋麵粉、黑麥麵粉、泡打粉、鹽混合與過篩後，加入切塊的無鹽奶油。（如圖 A）

2 **手搓奶油**：將奶油與乾性食材用手搓成粗砂狀。（如圖 B）

3 **加入楓糖與白脫牛奶**：用叉子翻拌拌合。食材會黏合成質地不均勻的小團塊。（如圖 C、D）

TIP：使用的楓糖質地較稀時，應保留 50g 的白脫牛奶，應視狀況再適量加入。

4 **最後加入核桃碎**：拌合，讓核桃均勻在麵團中。（如圖 E）

TIP：核桃在乾鍋中以中火炒香，冷卻後再使用。乾烘過的核桃有優質的香氣，也不會吸取麵團中的水分。

5 **翻折・整形・切割**：以刮板協助進行麵團翻與折動作。麵團經過翻折疊步驟後，輕輕壓平成 16 x 10 公分的長方形麵餅狀，再用刀切割成 8 塊。放入鋪好烘焙紙的烤盤上，中間留下間距。

6 **頂部刷楓糖白脫牛奶**：楓糖倒入白脫牛奶中混合均勻，在司康頂部刷兩次。再撒上紅糖作為裝飾。完成後入爐烘焙。（如圖 F）

烘焙 Baking

| 烘焙溫度 | 200℃，上下溫。

| 烤盤位置 | 烤箱中層，正中央。

| 烘焙時間 | 16 ～ 18 分鐘，應依照司康的厚度與大小調整烘焙時間。烤到頂部呈現明顯金黃色澤，周邊上色均勻。

| 出爐靜置 | 出爐的司康先留在烤盤上 10 分鐘，再放在網架上冷卻。

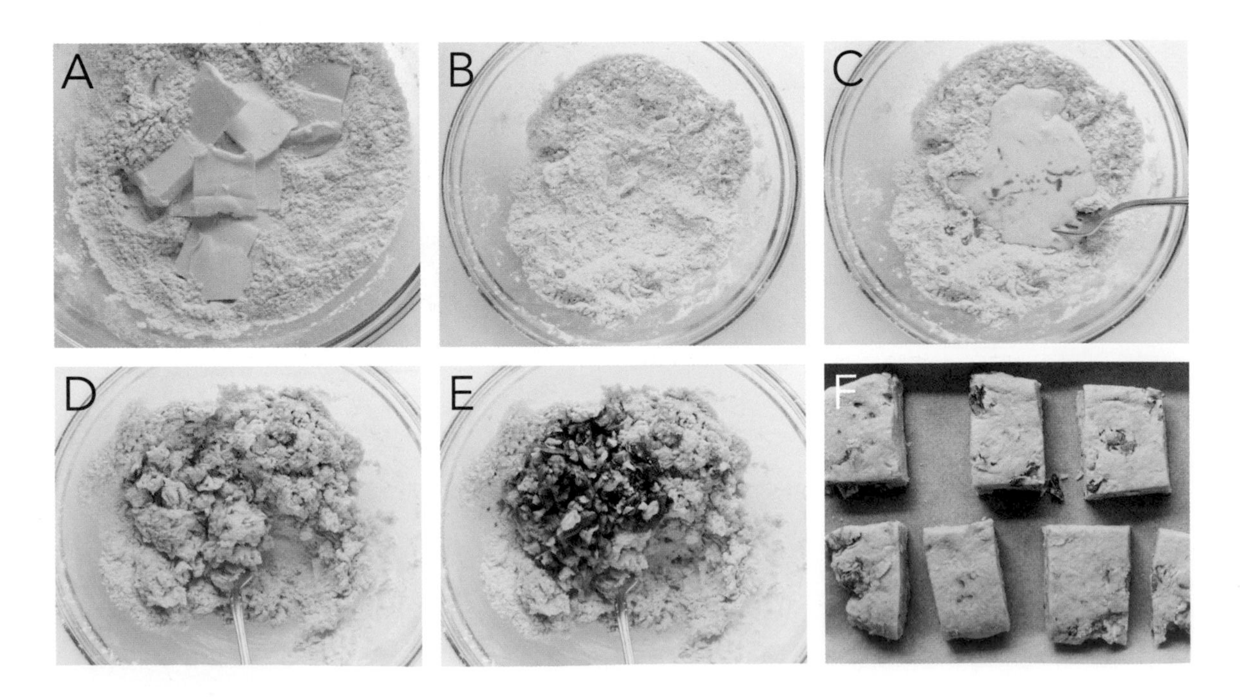

寶盒筆記 Notes

風味特殊的黑麥麵粉在烘焙後，黑麥的麥香中有淡淡的堅果香氣，讓司康除了核桃以外，多一層滋味。

楓糖，英文：Maple syrup，又稱為楓糖漿，是收集楓樹的汁液後加熱濃縮製作而成的糖漿。蜂蜜與楓糖的甜度相似，以等量蜂蜜替代楓糖是可行的。不過兩者風味並不一模一樣，蜂蜜的風味比較趨向花草香，楓糖則是屬於木質的風味。

使用奶油製作的司康比使用鮮奶油取代奶油製作的司康，烘焙後，更容易看得見司康的層次。

體積較大、有厚度、有高度的司康，中心比較難烤透，在烘焙完成時，可以選擇其中最厚的一個，敲敲司康底部，聽得見內部有叩～叩～的回聲，表示司康已經烤透。

【切割方式】

- 切割成形的司康的切割方式會影響司康的外型。舉例來說，楓糖核桃黑麥司康的切割方式是將整形為長方形的麵餅，橫放後先等切大十字，左右兩邊再各直切一次，成 8 塊司康。所以每個司康的四個邊中，都有一邊是沒有切開的，烘焙後就會成為三邊爆開類似虎口的外型。
- 如果希望司康等邊膨高，應該在整形成長方形麵餅時，先修除四邊後再切大十字與小十字。就可得到四邊都有切口的司康。
- 用於切割司康的刀子，保持乾淨，每次切完都擦乾淨再切割，司康麵團的切面越是整齊乾淨，在受熱膨高時，切面沒有沾黏住，膨得比較高，烘焙後的層次也會比較明顯。

台灣黑糖酥頂
葡萄乾黑麥司康
TAIWANESE BROWN SUGAR RAISIN SCONES WITH CRUMBLE TOPPING

收納所有，台灣黑糖暗藏的層次與焦香糖蜜之美。
酥美中，入潤澤；鬆香中，得風味。

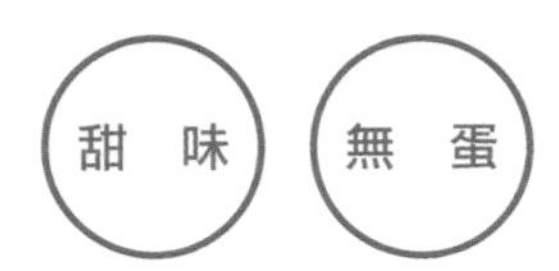

材料 Ingredients

司康

葡萄乾 80g
蘭姆酒 .... 1 小匙
冷開水 .... 1 小匙

A
- 中筋麵粉 150g
- 黑麥麵粉 Rye flour 30g
- 泡打粉 .... 1¼ 小匙
- 鹽 .... ¼ 小匙

台灣黑糖 40g
無鹽奶油（冷藏溫度）.................. 35g
全脂鮮奶（冷藏溫度）....... 85 ～ 100g

司康頂 _ 烘焙前

全脂鮮奶（冷藏溫度）.............. 1 小匙
剩下的司康麵團 .... 約 20 ～ 25g
紅糖或是二砂糖 .... 2 小匙

司康頂 _ 烘焙後（可省略）

糖粉 .... 適量

材料重點

葡萄乾可以使用其他家裡有的乾果替代，例如杏桃乾、椰棗、蔓越莓、無花果……。乾果在使用前建議先浸漬或浸泡讓乾果展開，乾果的果子風味會更濃郁。

份量 & 模具 Quantity & Bakeware

7 ～ 8 個壓模成形的圓形司康（直徑 5 ～ 6 公分圓形壓模）

製作步驟 Directions

1 **溫浸蘭姆酒葡萄乾**：葡萄乾放在篩子中，用流動的溫水沖洗，讓葡萄乾略微展開。再加入蘭姆酒與冷開水。使用微波爐加溫，以低功率微溫加熱，以 15 ～ 20 秒為間隔，取出翻拌，讓葡萄乾均勻吸收水分並完全展開。等到完全冷卻後再使用。（如圖 A）

2 **材料 A 過篩後加入黑糖**：中筋麵粉、黑麥麵粉、泡打粉、鹽混合與過篩後，加入黑糖，混合。（如圖 B）

3 **手搓奶油**：加入切塊的奶油後，將奶油與乾性食材用手搓成粗砂狀。（如圖 C）
TIP：測試方法：手緊握後放開會結合成團，即表示完成。

4 **依序加入酒漬葡萄乾與鮮奶**：加入酒漬葡萄乾後，用叉子略微混合。再加入鮮奶，用叉子拌合。完成時會成質地不均勻的小團塊狀。（如圖 D）

5 **翻折．整形．切割**：以刮板協助進行麵團翻與折動作。麵團經過翻折疊步驟後，輕輕壓平，使用直徑 5 ～ 6 公分圓形壓模切割成塊。剩下的麵團平行收合後，切開疊起後將麵團壓合，再切割，最後保留約 20 公克的司康麵團做酥頂用，約可製作 7 ～ 8 個圓形司康。放入鋪好烘焙紙的烤盤上，中間留下間距。（如圖 E）
TIP：
- 如司康麵團的質地較乾，可加入少許鮮奶調節。
- 切割司康不一定要用壓模。用刀切割成塊，也是種呈現的方法。

6 **頂部刷鮮奶．裝飾酥頂**：先在司康頂部刷上鮮奶兩次。剩下的司康麵團捏碎成小塊狀，加入紅糖後混合。將司康頂部朝下，壓入裝著酥頂的容器中，使酥頂沾附在司康頂部，稍微輕壓一下讓酥頂固定。完成後入爐烘焙。（如圖 F、G、H、I）

烘焙 Baking

| 烘焙溫度 | 200℃，上下溫。

| 烤盤位置 | 烤箱中層，正中央。

| 烘焙時間 | 18 ～ 20 分鐘，應依照司康的厚度與大小調整烘焙時間。烤到頂部呈現明顯金黃色澤，周邊上色均勻。

| 出爐靜置 | 出爐的司康先留在烤盤上 10 分鐘，再放在網架上冷卻。

| 烘焙後裝飾 | 在冷卻的司康上撒上糖粉裝飾。

圖 H 中的司康，以頂部朝下，壓入裝著酥頂的容器中。

蜂蜜椰棗黑麥司康

HONEY & DATE SCONES

蜂蜜啊，椰棗啊，芝麻啊，秋蟬鳴叫的午後，
蜂蜜椰棗黑麥司康呼喚著咖啡一起同桌作伴。

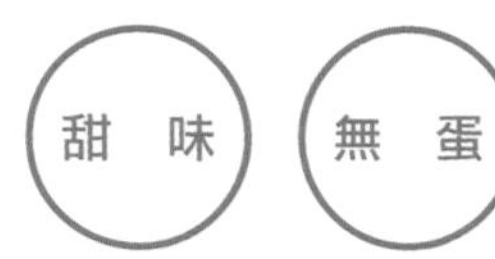

材料 Ingredients

司康

	椰棗（顆粒）	50g
A	中筋麵粉	130g
A	黑麥麵粉 Rye flour	30g
A	泡打粉	1 小匙
A	烘焙蘇打粉	¼ 小匙
A	鹽	¼ 小匙
	無鹽奶油（冷藏溫度）	35g
	黑芝麻	30g
B	蜂蜜	30g
B	白脫牛奶 Buttermilk（冷藏溫度）	90g

司康頂＿烘焙前

白脫牛奶（冷藏溫度）	1 大匙
蜂蜜	1 小匙
黑芝麻	適量

材料重點
除了椰棗，其他的乾果，
例如葡萄乾、無花果乾……
也可用於製作這款司康。

份量 Quantity

8 個切割成形的長方形司康

製作步驟 Directions

1 **溫浸椰棗**：乾燥椰棗去核後，放在篩子中，用流動的溫水沖洗軟化，確實瀝乾與冷卻後，橫切成顆粒大小，備用。
TIP：如果椰棗質地特別乾燥，可浸泡在溫水中大約 10 分鐘後撈起瀝乾；浸泡時間不宜過長，以保持椰棗的風味與質地。

2 **材料 A 過篩後加入奶油**：中筋麵粉、黑麥麵粉、泡打粉、烘焙蘇打粉、鹽混合過篩後，加入切塊的奶油。（如圖 A）

3 **手搓奶油**：用指尖將乾粉與奶油搓成粗砂狀。（如圖 B）

4 **加入黑芝麻、椰棗與材料 B**：蜂蜜與白脱牛奶先混合均勻後與黑芝麻和椰棗一起加入。將所有食材均勻拌合，完成時麵團會成為質地不均勻的小團塊狀。（如圖 C、D）

5 **翻折 · 整形 · 切割**：在工作檯上，以刮板協助進行麵團翻與折動作。麵團經過翻折疊步驟後，輕輕壓平成 16 x 8 公分的長方形麵餅狀，用刀切割成 8 塊司康。放入鋪好烘焙紙的烤盤上，中間留下間距。（如圖 E）
TIP：如司康麵團的質地較乾，適量加入少許白脱牛奶調節麵團濕度。

6 **頂部刷蜂蜜白脱牛奶液**：將蜂蜜與白脱牛奶混合後刷在司康頂部。再撒上黑芝麻。完成後入爐烘焙。（如圖 F）

烘焙 Baking

| 烘焙溫度 | 200℃，上下溫。
| 烤盤位置 | 烤箱中層，正中央。
| 烘焙時間 | 17 ～ 20 分鐘，應依照司康的厚度與大小調整烘焙時間。烤到頂部呈現明顯金黃色澤，周邊上色均勻。
| 出爐靜置 | 出爐的司康先留在烤盤上 10 分鐘，再放在網架上冷卻。

A
B
C
D
E
F

CHAPTER

7

征服司康，問與答

50個
司康Q&A

〔工序與步驟〕

Q 製作美味司康的祕訣

A 不要過度攪拌，不要過度操作，不要重壓重揉與重複擀麵……等，都是為了保有司康鬆酥的特質，避免讓麵團產生過多的麵筋（一般所說的出筋），影響司康的質地與口感。特別是在加入液態食材之後要盡可能減少不必要的操作。

Q 乾粉是否一定要過篩？

A 製作司康所使用的未經漂白的中筋麵粉、可可粉、抹茶粉、油脂較高的堅果細粉……等，都比較容易結塊，特別是所居住的地區氣候比較潮濕的話，過篩乾粉是個解決結塊粉團的好方法。

過篩的好處：去除雜質，篩除粉團，均勻混合乾性食材，同時能夠將空氣篩入乾粉中增加蓬鬆度。另外非常重要的是，讓司康蓬鬆長高所依賴的膨鬆劑如泡打粉與烘焙蘇打粉，還有鹽，可以藉著過篩動作幫助膨鬆劑與鹽均勻的散布在麵粉中，讓司康的蓬鬆度更均衡。

過篩乾粉是個簡單又不需要技術的小步驟，不過，誠實的說，我身邊喜好烘焙的朋友之中也有對過篩乾粉這個步驟直接繞道的。若希望省略過篩步驟，記得用球型的打蛋器仔細的混合乾性食材，盡可能讓在麵粉中的膨鬆劑與鹽能均勻分布。

Q 司康除了用手操作，可以用機器或是借助於其他器具嗎？

A 在加入液態食材的步驟前用家庭調理機取代雙手，利用刀片裝置切割乾性食材與奶油成粗砂礫狀。與用調理機製作派皮的方式相同。除此之外，價格低廉實用的刮板、菜刀、專門使用於製作塔派酥皮的金屬奶油切刀（Pastry cutter），都是理想的輔助工具。

Q 用手操作有什麼特別的優點嗎？

A 小份量的司康，例如書內的所有食譜，麵團的總重量都不超過 300 公克，用雙手操作能直接感受司康麵團的混合程度與乾濕度，成果最好。除此之外，用手操作還有其他兩個優點：速度快，不需要洗很多器具。

Q 手溫高，怎麼辦？

A 手溫比較高的人，可以借助家庭調理機代勞，或是利用其他輔助工具或是用具；例如戴隔溫手套，使用奶油切刀，利用餐刀或叉子、刮刀與刮板，甚至飯勺與菜刀……等，都可以達到減少與麵團的直接接觸以及保持麵團的低溫狀態的目的。也可以將切成塊的奶油先放入冰箱稍微冷凍讓奶油質地更硬些，再操作。

Q 直接用手與使用家庭調理機製作，完成的司康有沒有差異？

A 使用雙手手搓奶油的方式，完成的奶油乾粉酥粒的顆粒體積較大、大小不均。而使用調理機，奶油乾粉酥粒比較小也較為均勻。個人體會覺得用雙手完成的司康，組織質地上較酥，用調理機完成的司康的蓬鬆感較好。

Q 製作司康的時候，可以用攪拌機嗎？

A 攪拌機的使用比較適合對司康操作有經驗、大份量製作者。操作使用的攪拌配件是槳形（Paddle），拌合速度是最低速。對司康操作較不熟悉的人來說，使用攪拌機操作容易發生攪拌過度的問題，而影響司康的質地與最終的口感。

Q 司康的麵團，應該是光滑的嗎？

A 司康麵團的外觀並不光滑。使用膨脹劑製作的司康與使用酵母製作的麵包在操作工序與成品結構上有極大的不同，司康麵團溫度低，不光滑、無亮度、沒有筋性、質地不均，並且有點濕黏，多半都會黏手。

Q 麵團出筋的話，會烤出什麼樣的司康？

A 硬皮，密實，堅硬，乾燥，體積較小，有彈性與嚼勁，側面沒有刷蛋奶汁的地方也是光滑有亮度的。

Q 為什麼應該用冷藏溫度的奶油？

A 司康是藉由冷藏溫度的奶油，營造美好層次感與酥口特質。

讓乾性食材中的粉質材料先裹住冷藏溫度的切成塊的無鹽奶油後，再開始用指尖搓合奶油與乾粉成類似粗砂礫質地的酥粒。

在手搓過程中，奶油碎裂成更小的奶油粒，奶油的表面積因此而增加，與粉質食材的接觸面也更大，所以每個裹著麵粉的奶油小顆粒都帶著麵粉層與脂肪層，在加入液態食材後，麵粉層與脂肪層交叉組合形成片狀的麵團，經過烘焙的高溫，麵粉中的奶油會融化並留下空間，形成司康中片狀的層次。

被奶油保護的麵粉，不會立即吸收之後加入的液態食材，也因此能夠減少麵筋產生的機會。

這也是司康應使用冷藏溫度還帶著硬度的奶油的原因，如果在使用時奶油的質地已經過軟，在操作步驟時持續升溫，較難讓奶油達到保持顆粒狀的狀態，會影響司康最終的體積、質地、層次感。

Q 脂肪在司康中有什麼特別的作用嗎？

A 脂肪可以阻斷存在於麵粉中的蛋白質相互作用與連結而形成的麵筋。製作司康時手搓奶油的工序就是一種防止麵筋產生的做法。以奶油為例，奶油除了給予司康風味之外，還有讓麵團蓬鬆的功能。高溫烘焙時，麵團中奶油融化，其中的水分開始蒸發並向上升，讓司康蓬鬆並擁有酥鬆口感。

Q 司康可以提前製作嗎？

A 希望在早餐時享受司康新鮮滋潤的風味，可以提前在前一晚製作，切割好並密封後，放入冰箱隔夜冷藏。隔日在預熱好的烤箱直接烘焙完成。

Q 切割好的司康麵團可以冷藏與冷凍嗎？

A 切割好的司康可以冷藏，也可以冷凍。司康製作非常快速，如有可能還是建議烘焙當日再製作。雖說司康的麵團可以冷藏保存，不過我注意到麵團會在 20 ～ 24 小時後色澤開始轉灰色，冷藏時間越長，色澤越深，麵團底部也變得比較濕潤。任何不能在 24 小時內烘焙的司康，建議以冷凍方式保存為佳。

Q 為什麼冷藏後的司康麵團外層變成黑灰色？

A 也曾經歷過相同麵團變黑的狀況。偶然的機會詢問奧地利的糕點師傅，他告訴我這是一種麵團「氧化 Oxidation」現象。司康麵團有效的冷藏保鮮時間雖是 2 ～ 3 天，不過麵團冷藏 1 天後，麵團外層會看見一層暗灰色的外膜，這表示麵團開始氧化。希望避免這樣的狀況，建議將無法在 24 小時內烘焙的司康以冷凍方式保存。

Q 冷藏或是冷凍的司康麵團，烘焙前需回溫嗎？

A 無需回溫，直接將冷藏切割好的司康放入預熱好的烤箱烘焙。烘焙時間會比新鮮製作的司康稍微長一點。

Q 經過冷藏或冷凍的司康麵團，外型上與新鮮製作有差異嗎？

A 前一天製作後冷藏的司康麵團，隔日烘焙，成果與新鮮司康外型上的差異並不大。冷凍的司康經過烘焙，某些司康頂部會有裂紋，通常在側面的裂痕反而沒有；另外，司康的擴展程度較多，也就是說冷凍司康麵團比新鮮製作麵團較大而扁平。外型上雖會有小小瑕疵，而冷凍司康方式明顯提高效率與便利性，對於忙碌的都會人來說或許是值得一試的方法。

Q 如何正確的冷凍司康麵團，可以冷凍多久？

A 分割後的司康冷凍 30 分鐘，或是到司康完全凍結的狀態，以雙層密封包裝：包上保鮮膜再放入夾鏈袋，之後再冷凍，保鮮時間約為 3 週。經過測試冷凍 3 週後的司康，烘焙後仍能保持美味司康質地與組織上的要求。

〔整形與切割〕

Q 司康麵團整形時應該注意什麼？

A 避免過度操作麵團，注意麵團的溫度，減少手與麵團的直接接觸，避免麵團升溫，學習利用刮板，盡可能控制手粉使用量，進行折疊壓動作時要輕，不要使用擀壓的方式操作，盡可能讓麵團厚度一致，保持麵團上下平整。

Q 如何判斷麵團是否過乾？該怎麼辦？

A 當司康麵團還在碎粉團塊的狀態時，開始進行翻折與疊壓，會讓麵粉吸收麵團中的油脂與水分，進而讓粉塊結成團；當麵團乾燥時，即使經過翻折也還是看得到散落的粉團，輕壓後麵團表面依然是粉粉的，這時候應該在司康麵團上撒少許液態食材後再翻壓，就可以改善司康麵團的質地。

Q 如何處理散落的粉團塊與不均勻的麵團？

A 整形後的麵團邊緣多半還是很粗糙，加上散落的粉團塊，可以用刮板將粗糙的邊緣切掉加上散落的粉團一起，集中放在司康麵餅上，再用刮板一切為二，內朝內疊起後，再輕輕壓平。

Q 正確的司康麵團質地？

A 麵團的溫度低，是冷的，是濕潤的，應該會有點黏手。

Q 製作司康為什麼需要控制手粉的份量？

A 過多的手粉會改變原司康食譜的比例，會讓麵團變乾。司康中的泡打粉是依照麵粉的使用份量而計算的，如另外加入麵粉，加上使用的手粉過多，或也會因此而造成司康中的膨脹劑比例過低而造成司康蓬鬆度不足。司康表面的手粉過多時，在疊起後，因為手粉會有「隔離」的作用，即使麵團經過壓合，烘焙後，手粉過多的地方還是會翻開成大口。食用時也會看到司康夾層中間手粉的小粉塊。

Q 如何讓司康麵團成形？可以揉麵嗎？

A 希望保有司康的美味，對司康麵團的操作要越少越好。製作司康與麵包操作手法完全不同，手法應輕，可以利用翻、折、疊、集中、堆砌、輕壓等方式來幫助麵團成形。避免揉、甩、摔、攪拌、擀麵的操作方式以防止麵團出筋。

Q 切割司康應該注意什麼？

A 切割的用具無論用刀或是壓模，切割刀口都要乾淨。水分比例高的司康麵團，比較容易沾黏，每次切割前沾粉，切割完後，需要再次清除麵疙瘩再使用。切割司康的刀口與壓模口都是直下直上，記得不要扭轉與旋轉壓模，完成的司康才會有分明的層次與漂亮的切口。

Q 沒有壓模的話，也可以製作司康嗎？

A 司康的造型並沒有限定，沒有壓模也可以用刀子切割，依自己喜歡製作圓形、方形、長方形、三角形等；也可以不切割直接放入蛋糕烤模烘焙，最簡單的方式是用大湯匙或是冰淇淋挖杓舀出麵團後烘焙（像是美式餅乾 Drop cookies 的作法）。

Q 如何處理壓模切割後剩下的麵團？

A 平行收合。以從外往中間集中方式收聚剩下的麵團，再以折疊輕壓的方式整形成麵餅。平行收合才不會讓司康原有的層次混亂，即使是再切割的麵團一樣能擁有漂亮的層次與外型。

Q 怎麼挪動切割好的司康？

A 環境氣溫較高時，手溫較高時，司康的水分較高時，盡可能不要用手直接挪動切割好的司康麵團以免影響司康的外型。借助刮板或刮刀或是任何自己覺得方便的用具，將司康從下方鏟起，再移往烤盤上。

Q 從司康的外型上能夠看到的小失誤

A 只需稍微留心，在下次製作時修正操作方式就能讓司康更符合自己的理想，舉例來說：

- 麵團不平整，底部不平整，烤出來的司康就會歪歪倒倒。
- 壓模沾黏或是切口不清潔，司康側切割面展開不足，某些麵糊沾黏的地方會無法膨開而導致司康歪斜。
- 正方形的司康沒有均衡膨高，司康的四個邊沒有完全切開。
- 麵餅的表面有裂痕，烤出來的司康的裂紋會更明顯。
- 折疊時所使用的手粉過多，烤出來的司康層次間就會看到殘留的麵粉。
- 曾經經過擀麵杖施力擀壓，烤出來的司康層次間空氣少、層次間比較緊也比較薄。

〔烘焙與測試〕

Q 如何烘焙出漂亮的司康？

A
- 熟悉烤箱功能，設定正確的溫度。使用上下溫或是旋風功能烘焙，溫度設定不同。
- 確實預熱烤箱，司康入爐時烤箱溫度應達到理想的烘焙溫度。
- 烤盤上要使用烘焙紙或是矽膠製烘焙墊。
- 烤盤放置的位置應該在烤箱的正中央。烤盤下方放網架。
- 學習使用計時器，在烘焙時間不足一半前盡量不要開烤箱；預計結束前 5 分鐘顧爐觀察司康上色與烘焙程度，並決定是否延長或縮短烘焙時間。
- 測試烤焙程度，確認熟度後出爐。
- 紀錄烘焙溫度、烘焙時間、司康大小與數量。如能加上照片會讓筆記更完整。紀錄有助於日後的參考與修正。

Q 可以用烤盤抹油撒粉方法來防止沾黏嗎？

A 當手邊剛好沒有烘焙紙的時候，可以用在烤盤上抹油撒粉的方式烘焙司康。與使用烘焙紙或是烘焙布比較，烤盤抹油會讓司康底部過於油膩，撒粉比較容易讓司康底部結殼，司康底部會留下過度烘焙的痕跡。如果司康在只有抹油的烤盤上烘焙，司康的麵團會因此擴散攤平，有比較扁平的外型。

Q 如何判定司康有沒有熟？

A 熟透的司康上色均勻，頂部的中心沒有環狀的白點，出爐時檢查司康的底部色澤一致，敲擊時有叩叩聲，表示烘焙完成。

Q 如何烘烤出外表鬆軟／脆殼的司康？

A 烘焙司康時烤箱要確實預熱，烘焙溫度應在 190°C ～ 230°C 的高溫，讓司康迅速固定、成形、完成。

喜歡質地較軟的司康，入爐烘焙擺放司康時，司康之間的間距小一點，司康側面受熱較小，不會結硬殼，能夠保持司康中心質地柔軟。

喜歡整體脆殼口感的司康，相對的，就是讓司康與司康的間距稍微寬一點，幫助烤箱的熱循環流動，這樣的話，不僅是司康的頂部與底部會上色，司康的側面也會結成脆殼。

我比較喜歡司康外層帶有脆殼口感，司康都保持約為兩指寬的間距。口感是種非常個人的感覺，依照自己所喜歡的口感，選擇適合的烘焙方式。

附註：正確製作的司康在烘烤後成為脆殼司康，與，因為麵粉出筋後變成硬皮的司康，絕對不是一樣的，不應產生混淆。

Q 為什麼在司康中間看到濕軟的麵團？

A 擘開司康時如果中心部分的麵團還是濕軟的，表示司康還沒有完全烤透烤熟。應再次檢視所設定的烘焙時間與烘焙溫度。如果同爐出爐但某些司康不熟，或因司康擺放在烤盤上的間距太近，外緣的司康已經開始上色，正中央位置的司康仍未熟。半生熟的司康會有生麵夾著泡打粉的味道，有損腸胃健康，不建議食用。

Q 為什麼司康外層上色並有硬殼，內部的中央有濕麵團？

A 檢查烤箱的功能與溫度設定。外層上色並有硬殼表示溫度過高。如果使用的是烤箱的旋風功能（fan-forced），有可能是烤箱的旋風加熱力過強，讓司康迅速上色，外層結成的厚殼影響司康內部吃溫，只從外觀上色狀況誤判司康的烘焙程度而出爐。

Q 希望利用旋風功能多盤烘焙，也能使用一樣的烘焙溫度嗎？

A 使用旋風功能烘焙時應該要降低 20°C；也就是說，所建議的烘焙溫度是上下溫 200°C 時，開啟旋風功能應該以 180°C 來烘焙；如果家中烤箱的旋風功能是無法關閉的，除了將烘焙溫度調低，並應紀錄時間與成果以作為未來烘焙的參考。每家烤箱的設計與功能差異極大，初次嘗試任何食譜，顧爐加上紀錄都能幫助自己更瞭解自家的烤箱功能。

Q 為什麼烘焙後的司康蒼白不上色？

A 調整糖量了嗎？更換其他糖？司康入爐前有沒有刷蛋奶液？烘焙時烤盤是放在中層嗎？烘焙溫度與時間都正確嗎？烤箱內同時烘焙其他的糕點嗎？某些司康食譜的成品也有可能比較不容易上色……等等。如果司康除了不上色，內部也沒有熟透，應該測試烤箱的溫度是否正確。

Q 有邊或是無邊烤盤會造成差異嗎？

A 有邊烤盤，圍邊高度約 2 ～ 3 公分的烤盤比較適合用於司康烘焙。專為餅乾烘焙設計的平面烤盤，四周無邊，高溫烘焙時，最外緣的司康因為沒有烤盤邊的「屏障」，受熱時容易歪倒，阻礙司康長高，也容易有司康外層快速上色與結殼而中心麵團還是半生冷未熟透的狀況。

〔保鮮與冷凍〕

Q 司康最美味的時候？

A 司康剛出爐還是溫熱的時候，滋味最美。

Q 如何讓司康在靜置冷卻的過程中保持美味質地？

A 在溫熱的司康上蓋乾淨透氣的棉質茶巾，讓司康慢慢的散熱並保持司康中的水分。

Q 司康能在室溫保鮮嗎？能保鮮多久？

A 司康在低溫乾燥的室溫中可保鮮約 1 ～ 2 天。使用固態油脂，如奶油，製作的司康會比植物油製作的司康有更長的賞味期。

照片中，將玻璃製的大沙拉皿倒扣蓋住司康，是我平常保存室溫中的司康的方法。

Q 讓司康快速降溫的方法？

A 急速降溫的簡單方法：可以自製冷卻箱，底部加入冰水或冰塊，將司康放在架高的網架上，幫助剛出爐的熱司康更快散熱與降溫。

司康放在耐高溫的網架上，司康與司康間的間距寬鬆一點有助於降溫。

在司康沒有完全散熱完全冷卻前，不宜直接放入冰箱冷凍。

Q 如何處理吃不完的司康？

A 司康屬於快速麵包，非常容易老化，冰箱冷藏保存方式反而會加速司康中澱粉老化作用並讓司康因失去水分而變乾。以冷凍方式保存沒有食用完的司康才是正確的保鮮方法。

Q 如何冷凍吃不完的司康？

A 吃不完的司康可以密封後冷凍保存，建議以兩層包裝密封：先一層鋁箔紙，外加一層塑膠袋。冰箱冷凍保鮮時間可達 2 ～ 3 個月。

Q 冷凍的司康，該如何回溫回烤？

A 回溫冷凍的司康時，先將司康從冷凍轉冷藏，要將包裝稍微打開幫助濕氣散發，等司康完全解凍後，再從冷藏回室溫。回溫的過程比較溫和的話，外型、口感、風味就不會受到任何影響。

用烤箱回烤是比較快速的方法，烤箱預熱 170°C，將冷凍的司康放在烤盤上直接入爐烘焙，所需時間應以司康的實際大小調整；直徑 5 公分的圓形司康約需要 8 ～ 10 分鐘才能徹底加熱。

〔司康大哉問〕

Q 使用新鮮水果製作司康應該注意什麼？

A 使用鮮果製作司康時，最需要克服的是新鮮水果水分含量的問題。不同的水果水分含量也不同，即使是來自不同產地的同品種水果，也不會有一模一樣的水分含量。大型果實，如蘋果、柑橘、芒果等，在切開後就會開始滲出果汁，提高麵團中水分的含量，因此增加整形與切割時的難度，進入烘焙階段時，司康也會因為高水量而容易攤平。

如果利用新鮮水果製作司康，建議在加入液態食材時，先保留2～3大匙作為調節之用，不要一次全部倒入，應先觀察麵團吸收水分的狀況，麵團實際的乾濕度後再調整，只有在需要時再加入。

Q 為什麼司康長不高？

A 有幾種可能性：所使用的膨脹劑如泡打粉失效或是過期，膨脹劑用量不足，使用錯誤的膨脹劑，入爐時烤箱溫度過低，過度操作麵團，麵團太薄，司康中的液態食材份量不足……等。

Q 司康為什麼很硬？

A 麵粉的比例過高以及油脂與糖量比例不足；過度操作麵團；所使用的膨脹劑如泡打粉失效或是過期；膨脹劑用量不足；手粉量過多；烘焙溫度過低與烘焙時間過長；司康中的液態食材份量不足……等。

Q 司康為什麼都攤平了？

A 麵團升溫，液態食材過多致使麵團水分過多，使用錯誤的膨脹劑，膨鬆劑份量過多，烤盤抹太多油，烤箱預熱不足，烤箱太冷。

Q 司康剛出爐時膨膨的，出爐冷卻時卻縮了？

A 用於司康中的泡打粉是幫助司康膨高與蓬鬆，如果所使用的比例過高，就會有這樣的情況，除此之外，也會因為份量過高的泡打粉而在司康中留下不討人喜歡的類似金屬的餘味。

Q 為什麼不建議將不同風味的司康包裝在一起？

A 司康像是其他的糕餅點心一樣，容易吸收氣味，不同風味的司康應該分開包裝，不應該放在同一個容器中，不論是放在餅乾盒、保鮮盒、玻璃罐，還是禮品紙盒裡，都不應該將不同口味的司康一起放入一個密封盒中，才不會因此讓司康的風味受到影響。

小實驗：將香草司康與起司司康放在同一個便當盒中，加蓋。分別隔3－6－12個小時，聞聞看並品嚐香草司康，就能完全瞭解司康必須分開放置司康的理由。

SPECIAL

戀戀司康，醬醬好

搭配司康的
美味甜鹹醬料

黑橄欖
紅洋蔥酸奶油風味醬
BLACK OLIVE & RED ONION CREAM SPREAD

黑橄欖中的果甜及深美油脂與辛嗆慢甜的紅洋蔥
一起在酸奶油中釋放。

材料 Ingredients

紅洋蔥（薄切成環狀）................................ 15g
加鹽冷開水 200g
黑橄欖（切片）.. 15g
酸奶油 Sour Cream 75g

製作步驟 Directions

1. 切成環狀的紅洋蔥圈先浸泡在加鹽冷開水中約 10 分鐘，去除洋蔥的澀味與辛辣，確實瀝乾。鹽水不保留。
2. 保留少許黑橄欖片與紅洋蔥圈做裝飾用。
3. 酸奶油中加入黑橄欖片與紅洋蔥圈，用叉子拌合直到均勻滑順，風味醬上放上黑橄欖片與紅洋蔥裝飾。完成。

保存 Storage

黑橄欖紅洋蔥酸奶油風味醬需要放置在有蓋容器中冷藏保存。保鮮時間約 3 天。

寶盒筆記 Notes

如果所購得的黑橄欖的鹹度較低，可以加入適量的鹽調味。相對的，當黑橄欖的鹹度較高時，可以利用糖與水果醋以均衡風味。

另外加入少許的新鮮或冷凍的草本香草，如迷迭香（Rosemary）或牛至葉（Oregano），能為風味醬提味與增香。

酪梨乳酪風味醬
AVOCADO CREAM CHEESE SPREAD

芳醇酪梨與濃香乳酪的風味吟唱，微酸，微辣，還有新鮮甜羅勒葉的芳草香。

材料 Ingredients

新鮮酪梨果肉 .... 淨重 55g
新鮮檸檬汁 .... 1 ～ 2 小匙
鹽之花 .... 適量
奶油乳酪 Cream cheese（全脂）.............. 40g
乾辣椒粉 .... 適量
新鮮甜羅勒葉 Basil .... 幾片

製作步驟 Directions

1 切開的酪梨上淋檸檬汁，並加入鹽，用叉子壓成泥，再與奶油乳酪一起拌合，直到均勻。

2 食用前撒上乾辣椒粉，搭配新鮮羅勒葉。

保存 Storage

酪梨乳酪風味醬適合當天製作，當天享受。沒有食用完畢的酪梨乳酪風味醬需加蓋後冷藏。

寶盒筆記 Notes

酪梨是這款風味醬的主角，所使用的酪梨的熟成度與品質尤其重要。熟度不足的果實，Creamy 度不夠，在滋味、香氣、口感上都受影響。

酪梨是新鮮果實，一旦切開接觸空氣時就會開始氧化。檸檬汁與鹽只能減緩果肉褐變，讓果肉保持純鮮色澤，但無法完全抑制氧化作用。

酸性的檸檬汁直接接觸奶油乳酪時，奶油乳酪會凝結成顆粒狀。所以奶油乳酪應在酪梨與檸檬汁先拌合並壓成泥後，最後才加入。雖然小部分的奶油乳酪還是會成顆粒狀，並不影響口感。

使用家用食鹽替代鹽之花也可以。

蜂蜜芥末風味醬

HONEY MUSTARD SPREAD

蜂蜜與芥末註定相遇，以甜佐酸，藉酸提甜；
品嚐之後才懂酸甜中的沉淪。

材料 Ingredients

美奶滋 Mayonnaise 110g
法國第戎芥末籽醬
Dijon Wholegrain Mustard .... 1～2 小匙
法國第戎黃芥末醬
Dijon Yellow Mustard .... 1½ 大匙
花蜜蜂蜜 .... 3 大匙
蘋果醋 .... 1 小匙
海鹽 .... ⅛小匙
香蒜粉 .... 適量
紅椒粉 .... 適量
綜合胡椒粉 .... 適量

製作步驟 Directions

將所有食材利用打蛋器拌合直到均勻滑順就完成。

保存 Storage

蜂蜜芥末風味醬需要冷藏保存。建議裝入有蓋的玻璃罐中，保鮮時間約 3 天。

寶盒筆記 Notes

產於法國第戎（Dijon）地區的芥末醬是經由發酵製作完成，色澤偏鵝黃色，味道偏酸而不辣，是法國廚房中常備的調味用料。

芥末籽醬中含有芥末籽顆粒與香料，有明朗適口的酸味；黃芥末醬擁有濃稠絲亮質地，辛甜而甘美；兩種芥末醬的味道與質地都略有不同。

蜂蜜芥末風味醬適合搭配各式鹹味或是原味司康，例如：香蔥培根起司司康、馬鈴薯培根司康……。

香芹與茅屋起司風味醬

PARSLEY AND COTTAGE CHEESE SPREAD

原生於地中海，有著清新爽口優雅香氣的綠色香芹，拌合低脂微酸的茅屋起司，加上淺淺辛與辣的蒜泥點綴，味道好美。

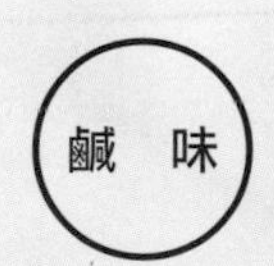

材料 Ingredients

新鮮或冷凍香芹 Parsley .... 1 小匙
茅屋起司 Cottage Cheese 75g
鹽 .... 適量
黑胡椒 .... 適量
大蒜泥 .... 適量

製作步驟 Directions

將所有食材利用拌合直到均勻滑順就完成。

保存 Storage

香芹與茅屋起司風味醬需要冷藏保存。建議裝入有蓋的玻璃罐中，保鮮時間約 1 ～ 2 天。

寶盒筆記 Notes

茅屋起司屬於新鮮乳酪，水分含量較高，保存期較短。特別是在開封後，應在 2 ～ 3 天內用完。

香芹與茅屋起司風味醬的製作簡易而快速，新鮮做，新鮮享用為佳。不需提前製作。

開心果奶油乳酪風味醬

CREAM OF PISTACHIO SPREAD

堅果風味醬中之最：最開心，最喜歡，最美味，最無敵。與開心果的因緣，總得開心。

材料 Ingredients

開心果仁（原味無鹽乾烘完成）............ 50g
無鹽奶油（室溫）............................ 30g
鹽 .... 1 小撮
糖粉 30g
奶油乳酪 Cream cheese（全脂）...... 35g

製作步驟 Directions

1. 將開心果仁、無鹽奶油、鹽、糖粉一起放入食物調理機中，利用大刀片裝置，中高速碎切約 2 ～ 4 分鐘，中間停機刮拌，開心果成細碎粒狀略大於芝麻粒。
2. 加入奶油乳酪後，再次啟動 1 ～ 2 分鐘直到勻滑，完成的風味醬略帶小碎粒或是成滑順的膏狀都可以；如果不是非常確定，可以先試一下味道與口感，再依個人喜好的質地作調整。

保存 Storage

開心果奶油乳酪風味醬裝罐後，如無法當天食用完畢，因風味醬中有奶油與乳酪的關係，需放入冰箱冷藏，保鮮時間約 3 天。冷藏後的風味醬質地會像奶油一樣固化，搭配溫熱的司康，就不需先回溫。

寶盒筆記 Notes

杏仁、胡桃、榛果、腰果，都可以替代開心果來製作風味醬。油脂較高的核桃，味道趨向微苦，相較之下，並非上選。

製作風味醬所使用的堅果都應該是原味、未經調味的堅果。如果屬於生堅果，使用前都應該先烘焙或在乾鍋中炒出香氣。

利用烤箱乾焙：烤箱預熱 170°C，大烤盤鋪烘焙紙，烘焙時間約需要 8 ～ 12 分鐘，視堅果大小與份量而定。中間翻動一下，讓堅果能均勻受熱，直到堅果表層開始上色，並能聞到香氣。出爐後的堅果應從烤盤上移開，以避免堅果留在熱烤盤上繼續加熱。

帶皮的堅果經過烘焙後，可在溫熱時用廚房巾搓掉外皮，只用果仁製作風味醬。利用未經去皮的堅果製作，完成的風味醬色澤較深，特別是皮層較厚的榛果與杏仁，會影響風味醬的滑順質地與最終的口感。

若食譜製作的量小，食物調理機或會比較難碎切，需要多次停機刮盆，才能比較均勻。

【延伸食譜】
可以在調製好的糖霜中加入開心果奶油乳酪風味醬，拌勻後淋在蛋糕與麵包上。

杏桃奶油霜風味醬

APRICOT CONFITURE AND BUTTER CREAM SPREAD

季節果實的甜美禮讚，一併鎖入奶油霜裡。

材料 Ingredients

無鹽奶油（室溫）.................................... 25g
糖粉 20g
杏桃果醬 .... 20g ～ 30g

製作步驟 Directions

無鹽奶油加入糖粉後，用打蛋器打發成蓬鬆的奶油霜，最後加入杏桃果醬拌合完成。

保存 Storage

杏桃奶油霜風味醬可以裝罐加蓋後冷藏保存，可保鮮3～5天。食用前先在室溫中回溫軟化，適合搭配原味司康或是以各式水果完成的甜味司康。

寶盒筆記 Notes

可以用其他自己喜歡的果醬。

糖粉粒子細，容易融化，能讓奶油霜更蓬鬆與輕盈。如以砂糖替換糖粉，奶油霜的潤滑度較差，並會在奶油霜留下沙沙的口感。

【延伸食譜】

若偏愛優格特有的乳酸滋味與輕盈口感，可使用希臘優格取代一半的無鹽奶油。希臘優格使用前先盡可能瀝除水分，保留固態優格。製作時，無鹽奶油加入糖粉先打發至蓬鬆後，再加入希臘優格與杏桃果醬拌合均勻。

加入優格的風味醬，因為優格中含有水分的緣故，保鮮期短，建議當天製作，當天食用完畢。

台灣廣廈 國際出版集團
Taiwan Mansion International Group

國家圖書館出版品預行編目（CIP）資料

愛。司康：奧地利寶盒的家庭烘焙・帶你走進底蘊豐實的司康世界 / 奧地利寶盒(傅寶玉)著. -- 初版. -- 新北市：台灣廣廈, 2020.12
面； 公分.
ISBN 978-986-130-473-1
1.點心食譜

427.16 109014599

愛。司康

奧地利寶盒的家庭烘焙・帶你走進底蘊豐實的司康世界

作者・攝影／奧地利寶盒（傅寶玉）

編輯中心編輯長／張秀環
執行編輯／許秀妃・蔡沐晨
封面・內頁設計／曾詩涵
內頁排版／菩薩蠻數位文化有限公司
製版・印刷・裝訂／皇甫・皇甫・明和

行企研發中心總監／陳冠蒨

媒體公關組／陳柔彣
綜合業務組／何欣穎

發 行 人／江媛珍
法 律 顧 問／第一國際法律事務所 余淑杏律師・北辰著作權事務所 蕭雄淋律師
出 版／台灣廣廈
發 行／台灣廣廈有聲圖書有限公司
地址：新北市235中和區中山路二段359巷7號2樓
電話：（886）2-2225-5777・傳真：（886）2-2225-8052

代理印務・全球總經銷／知遠文化事業有限公司
地址：新北市222深坑區北深路三段155巷25號5樓
電話：（886）2-2664-8800・傳真：（886）2-2664-8801
郵 政 劃 撥／劃撥帳號：18836722
劃撥戶名：知遠文化事業有限公司（※單次購書金額未達500元，請另付60元郵資。）

■ 出版日期：2020年12月
ISBN：978-986-130-473-1

■ 初版9刷：2024年04月